일본 현지 맛집 체인 대백과

일본 추억의 대백과 시리즈 편집부 지음
김정원 옮김

어서 오세요, '일본 현지

현지에서는 누구나 아는 유명 식당이라도 전국적으로는 잘 알려지지 않은 지역 밀착형 음식 체인이 많이 있다. 전국을 무대로 영업하는 대기업과 달리 현지에서만 맛볼 수 있는, 현지인에게 사랑받는 개성 넘치는 맛을 만날 수도 있다. 그것이 '현지 맛집 체인'의 가장 큰 매력이기도 하다.

이 책에서는 그중에서도 오랜 기간 지역을 중심으로 운영되고 있는 맛집 체인을 엄선하여 소개한다. 라멘, 우동, 소바 등을 중심으로 한 면요리 체인을 비롯해 일식, 중식 패밀리 레스토랑, 카레, 교자, 스파게티 등 각종 전문점, 도시락, 테이크아웃 등 다양한 체인들이 있다. 쇼와시대를 느낄 수 있는 전국 각지의 지역 밀착형 체인의 매력이 가득한, 맛있고 즐거운 '현지 맛집 체인'을 크게 세 종류로 나누어 수록했다.

1부에서는 일식·중식 패밀리 레스토랑, 대형 회전초밥, 교자, 야키니쿠, 카레, 초대형 음료를 제공하는 깃사텐 등 독특하고 맛있는 패밀리 레스토랑 & 전문점 체인을 선별했다.

2부에서는 일본 전국의 현지 면요리 체인을 소개한다. 정통파 맛집부터 '타이완라멘' '베토콘라멘' 등 모양도 맛도 독특하고 강렬한 현지 라멘, 나고

맛집 체인'의 세계로!

야 명물인 안카케 스파게티, 니가타 명물인 안카케 야키소바 '이탈리안', 전국적으로도 보기 드문 야키소바 전문점 등 '면요리 대국 일본'을 실감할 수 있는 가게가 가득하다.

　3부에서는 일품 오니기리를 비롯해 고치 명물 '치킨 난반'과 '지쿠와 샐러드' '도리메시 도시락'의 발상지, 푸짐한 '차슈 도시락' 등 갓 만든 따끈따끈한 도시락과 테이크아웃 & 편의점 체인을 소개한다.

　그 밖에도 권두 특집에서는 지역 체인의 틀을 뛰어넘어 이제는 전국적인 인지도를 자랑하는, 각 지역을 대표하는 현지 맛집 음식 체인을, 미니 특집으로는 '도쿄 면요리 체인 3선' '후쿠오카 3대 우동 체인' '미국식 오키나와 체인 3선' 등을 실었다.

　쇼와시대에 창업한 음식 체인을 중심으로, 유명한 곳부터 현지인만 아는 맛집까지, 페이지를 펼치면 배가 고파서 꼭 한번 가보고 싶어질 것이다! 자, 현지인이 사랑하는 맛을 찾아 출발!

옮긴이 **김정원**
일본 실용서 위주로 번역을 하고 있다.

일본 현지 맛집 체인 대백과

1판 1쇄 펴냄 2024년 11월 29일

지은이   일본 추억의 대백과 시리즈 편집부
옮긴이   김정원

펴낸이 김경태 | **편집** 조현주 홍경화 강가연
디자인 육일구디자인 / 박정영 김재현 | **마케팅** 유진선 강주영 정보경
펴낸곳 (주)출판사 클
출판등록 2012년 1월 5일 제311-2012-02호
주소 03385 서울시 은평구 연서로26길 25-6
전화 070-4176-4680 | **팩스** 02-354-4680 | **이메일** bookkl@bookkl.com

ISBN 979-11-94374-09-1 13590

잘못된 책은 바꾸어드립니다.

출판사 클의 책을
만나보세요.

권두
특집

\ 진짜 현지 대표! /
인기 많은 현지 맛집 체인

1부

\ 현지인들이 사랑해 마지않는 특별한 맛! /
패밀리 레스토랑 & 전문점 체인

·일식당

·중식당

·전문점

이 책을 읽기 전에 알아두어야 하는 단어들

돈부리丼

밥 위에 다양한 재료를 얹어 먹는 요리. 흔히 '덮밥'으로 번역된다. 올리는 재료에 따라 가쓰돈かつ丼, 가이센돈海鮮丼, 덴돈天丼 등이 있는데, 재료 이름 뒤에 '돈'이라고 줄여서 붙인다.

미소味噌

일본 된장. 한국 된장과 달리 콩에 누룩을 섞어 만든다. 밝은 색의 달달한 시로미소白味噌, 진한 맛의 적갈색 아카미소赤味噌 등이 있다.

부타豚, 규牛, 니쿠肉

이 책에서 소개하는 메뉴 이름에 '부타'가 있으면 돼지고기, '규'가 있으면 소고기가 들어갔다는 뜻이다. '니쿠'는 고기를 가리킨다.

덴카스天かす

튀김을 할 때 생기는 튀김 부스러기. 간토 지방에서는 주로 '아게다마揚げ玉/揚玉'라 부른다.

덴푸라天ぷら

밀가루와 달걀로 튀김옷을 입혀 튀긴 요리. 양념을 미리 해둔 재료에 밀가루나 전분을 살짝 묻혀서 튀기면 '가라아게唐揚げ', 빵가루를 쓰면 '프라이'라고 한다. 음식 이름 앞에 '덴/텐天'이라는 말이 있으면 덴푸라가 들어 있음을 뜻한다.

차한チャーハン

일본식 중식당에서 나오는 볶음밥. 한자로 쓰면 炒飯인데, 이것은 '볶음밥'을 뜻하는 중국어 '차오판'의 표기이다.

오니기리おにぎり

일식 주먹밥. 백미 안에 시거나 짠 재료를 넣고 겉을 김으로 감싼 것이 많고, 주로 삼각형이나 원통형이다. 이 책에 나오는 무스비むすび도 같은 뜻이다.

벤토弁当

도시락. 이름 맨 뒤에 '벤'이 붙으면 도시락이라는 뜻인데, '에키벤駅弁'은 철도역(에키)에서 파는 도시락이다.

쇼와昭和

1926년부터 1989년까지 사용된 연호. 쇼와시대는 20세기의 반 이상을 차지한다.

\ 진짜 현지 대표! /

인기 많은 현지 맛집 체인

나고야에서 시작된 대중적인 레스토랑 체인 스가키야, 푸짐한 세트 메뉴가 풍부한 야마다 우동 식당, 하코다테 명물인 테마파크형 버거 체인점 러키 피에로, 간판 메뉴 '폭탄 햄버그'로 유명한 플라잉 가든, 간사이 명물 '부타만'의 551호라이, 일본에서 가장 많이 팔리는 도시락으로 알려진 요코하마 명물 '시우마이 도시락'의 기요켄. 권두 특집에서는 각 지역을 대표하는 인기 현지 맛집 체인을 소개한다!

AICHI

SAITAMA

스가키야
スガキヤ

지역	아이치, 기후, 미에, 시가, 오사카, 시즈오카, 교토, 효고
매장 수	257개

스짱スーちゃん

'Sugakiya'라고 영문으로 표기된 세련된 간판에는 귀여운 '스짱スーちゃん'의 일러스트가 그려져 있다. 라멘과 소프트아이스크림을 먹고 싶게 한다!

특제 라멘特製ラーメン(도쿠세이라멘)

고기 다섯 장에 반숙 달걀이 들어 있다. 먹는 도중에 달걀을 터뜨려서 면에 비벼 먹으면 맛이 더욱 부드러워진다.

대중적인 레스토랑에서 라멘과 소프트아이스크림을!

라멘과 소프트아이스크림으로 유명한 대중적인 레스토랑 체인 스가키야. 뿌리는 1946년에 나고야시 사카에에 오픈한 '아마토노미세甘党の店(단 것 좋아하는 사람의 가게)'로, 2년 후 메뉴에 라멘을 추가하고 가게 이름을 '스가키야'로 바꿨다.

1969년부터 체인점 사업을 시작해 불과 4년 만에 직영점 100호점을 달성했다. 현재는 주부 및 긴키 지방에 있는 대형 쇼핑센터 내 푸드코트를 중심으로 250개 이상의 매장 수를 자랑한다.

마스코트 캐릭터인 '스짱'은 1958년에 신문 광고 공모를 통해 탄생했다. 매장에서 '스짱'은 라멘과 소프트아이스크림을 들고 양대 간판 메뉴를 어필하고 있다. 가장 인기 있

라멘ラーメン

고기 라멘肉入ラーメン
（니쿠이레라멘）

（오른쪽）'고기肉（니쿠）'는 크기와 두께가 적당하고 식감도 독특해 맛있다! 쪄서 만들기 때문에 '차슈（돼지고기 구이）'가 아니라 그냥 '고기'다.
선물용은 약 40장 분량으로 직접 얇게 썰어 먹는다.

Sugakiya
スガキヤ ラーメンの 肉

고기 많이많이 라멘肉マシマシラーメン
（니쿠마시마시라멘）

모둠채소밥五目ごはん（고모쿠고한）
유부, 당근, 표고버섯, 죽순, 우엉이 들어 있다. 라멘 국물을 부어 먹어도 맛있다.

냉라멘冷しラーメン（히야시라멘）
해마다 큰 인기를 끌고 있는 냉라멘. 특제 국물의 산뜻한 신맛이 상큼하고, 다채로운 다섯 가지 재료가 식욕을 돋운다.

는 '라멘'은 돈코쓰와 해산물로 맛을 낸 국물에 고기와 멘마（죽순을 발효시킨 가공식품）, 파 등 간단한 재료를 올린다. 깔끔하면서도 감칠맛이 가득한 일본식 돈코쓰 맛은 창업 당시부터 지금까지 변함없다.
스가키야 라멘의 '고기'는 선물용으로도 인기다. 뉴욕현대미술관MoMA 소장품이기도 한 오리지널 '라멘 포크'로 먹는 재미도 쏠쏠하다. '소프트아이스크림'은 식물성 유지방의 담백하고 부드러운 맛으로 라멘과 잘 어울린다. 레귤러와 미니, 두 가지 사이즈가 있으며, 콘과 컵을 선택해 주문할 수 있는 것도 장점이다.

채소 라멘野菜ラーメン (야사이라멘)
라멘에 다양한 채소가 들어간 건강한 한 그릇.
아삭아삭한 옥수수도 듬뿍.

젓가락은 그만!?
포크 + 숟가락!

이전 현재

라멘 포크
포크와 숟가락을 합친 뛰어난 디자인. 젓가락
을 없애고 싶다는 생각으로 1978년에 탄생.
현재는 2007년 리뉴얼된 2세대가 쓰인다.

인기 있는 달콤 메뉴는
종류도 다양하다

초코아이스크림
チョコクリーム
(초코쿠리무)

소프트아이스크림 미니
ソフトクリームミニ
(소후토쿠리무 미니)
'소프트아이스크림 미니'와 '초코아이
스크림'은 달콤 메뉴의 기본. 여름에
는 빙수도 즐길 수 있다

소프트아이스크림
ソフトクリ
(소후토쿠리무)

쿠리젠クリぜん
나고야 사람들은 팥소(안코)를 좋아한다!
크림 젠자이(팥을 달게 조린 음식), 줄여서
'쿠리젠'은 은근히 인기 있는 메뉴다.

스가키야의 다코야키!
스가키야의 다코야키 전문점
'다코주たこ寿'에서는 스가키야
의 비법 육수로 구워낸, 그대로
먹어도 맛있는 부드러운 다코
야키를 맛볼 수 있다.

파 간장 다코야키ネギ醤油たこやき
(네기쇼유타코야키)

푸드코트에서 배놓을 수 없는 소녀!

1958 년경

1965 년경

공모 당시

신문 광고를 통해 캐릭터를 공모했다. 처음엔 중국풍의 딿은 머리 디자인이었지만, 창업자의 아이디어로 딿은 머리와 물방울 무늬 의상을 입게 되었다. 시대가 바뀌어도 '스짱'의 사랑스러움은 변하지 않는다!

'스가키야 寿がきや' 오픈!

1948년, '스가키야' 개점 당시 기념사진. 초기에는 단 음식 위주의 가게였으나 점차 메뉴를 늘려 '라멘'도 내놓기 시작했다.

일본 최초! 호출벨 탄생!

초기 '소프트콜'

(위) 매장 내 호출벨은 스가키야가 일본 최초로 도입했다. 정식 명칭은 '소프트콜'이다. (오른쪽) 1958년에는 시대를 앞서간 여성 전용 매장도 있었다.

13

한계를 뛰어넘는 칼로리!?
세트는 1인분 & 1인분

사이타마

야마다 우동 식당
山田うどん食堂

지역	사이타마, 도쿄, 군마, 이바라키, 가나가와, 지바, 도치기
매장 수	146개

(왼쪽) 예전에는 '노란 회전 간판'이 눈에 띄었다. 현재는 사이타마 오고세越生점에만 있다.

주말과 공휴일에만 파는 '초특가 야마다 세트'는 명물인 '가키아게돈'과 '펀치'에 1인분의 우동 또는 소바가 포함된 가장 인기있는 메뉴다.

초특가 야마다 세트超得山田セット
(초토쿠야마다셋토)

야지로베(긴 양팔이 달린 균형 인형, 일본 전통 장난감)를 모티브로 한 '붉은 허수아비'의 노란 간판은 사이타마 사람들에게 친숙한 야마다 우동 식당의 간판이다.

1965년에 자사 제면 공장 옆에 개점한 '야마다 우동 식당'이 그 뿌리로 역사가 깊다. 저렴하고 맛있는 우동이 입소문을 타면서 이듬해에 프랜차이즈 사업을 시작했다. 지금은 사이타마를 중심으로 한 간토 지방을 대표하는 대형 음식 체인으로 성장했다.

가장 큰 특징은 '한계를 뛰어넘는 칼로리'라고도 불리는 저렴하고 푸짐한 세트 메뉴일 것이다. 일반적인 세트 메뉴의 경우, 면이나 돈부리 중 한쪽은 1/2인분 또는 미니 사이즈이지만, 이 가게에서는 둘 다 1인분이다. 당연히 칼로리도 높다. 인기 메뉴인 가쓰돈

부드럽고 쫄깃쫄깃한 식감의 우동!

덴카스(아게타마)와 미역, 파가 들어간 '다누키우동'은 심플하게 맛있다!

다누키우동たぬきうどん

가키아게돈かき揚げ丼

교자餃子

(왼쪽) 가키아게(채소 어패류 튀김)를 달걀로 감싼 명물. 달콤 짭조름한 특제 간장 양념이 포인트. (위) 고기와 채소가 듬뿍 들어가 쫄깃쫄깃한 교자도 인기다.

펀치력 있는 맛, 그 이름도 '펀치'!

펀치パンチ (판치)

아카펀치赤パンチ (아카판치)

야마다 명물인 '펀치'는 밥도둑 곱창조림이다. 매운 버전인 '아카펀치(빨간 펀치)'도 있다.

세트를 다누키우동으로 주문하며 1,000칼로리가 훌쩍 넘는다. 주요 고객층이었던 운전기사나 블루칼라를 만족시키기 위해 세트 메뉴를 다양화해온 역사가 있기 때문이다. 세트 메뉴의 면요리는 우동, 소바, 라멘, 자루라멘 중에서 선택할 수 있는 것도 장점이다.

간판 메뉴인 우동은 100% 일본산 밀을 사용한다. 공장에서 갓 뽑아낸 면은 쫄깃쫄깃하고 탱글탱글한 식감을 자랑한다. 2018년에는 '야마다 우동'에서 현재의 상호로 개명했다. 우동 이외의 메뉴도 늘어났으며, 느긋하게 쉴 수 있는 '식당'으로 가족 단위 손님들에게도 인기가 있다.

둘 다 1인분으로 대만족, 이것이 바로 왕의 세트!

가쓰돈 세트カツ丼セット

차한 세트チャーハンセット

'한계를 뛰어넘는 칼로리'라 불리는 세트 메뉴도 다양하다. '차한'과 '다누키우동'과 같은 특이한 조합도 있다.

카레カレー

탄멘 등 중식 요리와 카레도 꾸준한 인기. (위) '야마다 우동' 시절의 '가카시(허수아비) 카레かかしカレー'. 지금은 더욱 매콤한 맛으로 진화했다.

채소 듬뿍 탄멘野菜たっぷりタンメン
(야사이탓푸리탄멘)

부드럽고 술술 들어가는 소바도 맛있다!

소바는 가게에서 직접 삶은 '생소바'를 사용한다. 부드럽고 술술 들어가는 맛있는 소바를 맛볼 수 있다.

스가야의 낫토菅谷の納豆(스가야노낫토)

알갱이가 굵고 먹음직스러운 도쿄 오메青梅시의 스가야에서 생산하는 낫토는 아침 정식이나 단품으로도 인기다.

신선한 우동을 각 매장에

공장에서 갓 삶아낸 신선한 우동을 1인분씩 포장해 냉장 상태로 각 매장에 배송한다. 매장에서 한 번 더 삶기 때문에 탱글탱글한 식감을 느낄 수 있다.

쇼와시대에는 사이타마 현내 초등학교 급식용으로 부드러운 면을 제조해 납품했다. 당시 어린이들에게도 야마다 우동은 인기가 많았다.

야마다 우동의 추억

(오른쪽) 1965년 1호점(가나야마점) '야마다 우동 식당'을 오픈. 쇼와시대의 옛 매장 외관. 우동과 소바의 가격은 100엔.

쇼와시대 라멘 전문점

예전에는 '컨트리 라멘' '가카시라멘' 등의 브랜드 이름으로 라멘 가게도 운영했다. 심벌 마크인 허수아비(가카시)의 머리에는 무려 서부극에 나올 법한 모자가 씌워져 있다!

17

맛있고 즐겁다!
명물 버거 체인

러키 피에로
ラッキーピエロ

지역	훗카이도(하코다테시를 중심으로 한 훗카이도 남부 지역)
매장 수	17개

어느 매장이나 유원지처럼 활기차고 즐거운 분위기다. (위) 베이 지역 본점. (왼쪽) 쇼와점. 매장 앞에는 피에로 러키 군이 반갑게 맞아준다.

1987년 창업한 러키 피에로는 훗카이도 하코다테시를 중심으로 훗카이도 남부 지역에 17개 매장을 운영하는 햄버거 레스토랑 체인이다. 통나무집 스타일의 과수원 레스토랑 '버드워칭관(도게시타峠下 총본점)'을 비롯해 점포마다 다른 테마로 화려하게 디자인된 개성적인 매장이 특징이다. 하코다테의 명물 가게이기도 하며, 현지에서는 '라피'라는 애칭으로 사랑받고 있다.

메뉴도 매장마다 다르며, 오므라이스, 가쓰돈, 라멘 등 고객의 요구에 따라 메뉴가 늘어나 현재는 약 140종에 이른다. 주력 메뉴인 햄버거는 매콤달콤한 소스의 가라아게, 양상추, 마요네즈 등을 끼워넣은 중국식 버거 '차이니즈 치킨버거'가 가장 인기다. 그

차이니즈 치킨버거チャイニーズチキンバーガー

갓 구워내서 뜨겁고 육즙이 풍부해 맛과 양 모두 만족
스러운 버거. 인기 1위는 '차이니즈 치킨버거', 2위는
신선한 달걀을 사용한 '러키 에그버거'.

러키 에그버거ラッキーエッグバーガー

양상추 등 채소도 아삭아삭하고 맛있다. 높이가 18센
티미터나 되는 세계에서 가장 큰 'THE 후톳초(뚱보)
버거' 등 개성 넘치는 버거도 있다.

돈가스버거トンカツバーガー

ラッキーピエロ
サーカス

**러키 피에로
서커스**

러키 치즈버거ラッキーチーズバーガー

이용 금액에 따라 피에로(포인트)를 적립
해 준단원, 정단원, 스타 단원, 슈퍼스타 단
원, 4단계로 단원 등급(할인율) 올리기를
목표로 한다.

더 후톳초 버거THEフトッチョバーガー

외에도 '돈가스 버거' 'THE 후톳초 버거' 등 개성 넘치는 메뉴가 준비되어 있다. 이 모
든 버거는 주문을 받은 후 조리하기 때문에 언제든 갓 만든, 뜨끈뜨끈하고 육즙이 풍부
한 맛을 느낄 수 있다. '현지에서 생산된 것을 현지에서 먹는다'를 모토로, 믿을 수 있고
안전한 현지 식재료를 고집해 80% 이상을 홋카이도산으로 공급하고 있다고 한다.
'서커스단'에 가입해 4단계의 등급(할인율) 상승을 목표로 하는 포인트 제도도 독특하
다. 최고 등급인 '슈퍼스타 단원'은 감사회 초대, 매장 내에서의 환대 등 특별한 서비스
를 받을 수 있다.

러키가쓰돈ラッキーカツ丼

차이니즈 치킨 2단 노리벤토チャイニーズチキン2段のり弁当

(오른쪽) 닭고기와 달걀 모두 홋카이도산 100%를 사용한 '차이니스 치킨 2단 노리벤토(김 도시락)'.
(위) 푸짐한 '러키 가쓰돈'은 현지 미식가들에게도 인기다.

스프링롤スプリングロール（하루마키春巻き）

(위) 크레이프처럼 걸으면서 먹고 싶은 '스프링롤'.
(아래) 화이트 소스와 미트 소스, 치즈를 얹은 '라키포테(감자)'.

라키포테ラキポテ

초콜릿 파르페チョコレートパフェ
（초코레토파훼）

러키 과라나ラッキーガラナ
（락키가라나）

홋카이도의 소울 드링크로 불리는 과라나 음료 '러키 과라나'는 기념품으로도 안성맞춤이다. 파르페에는 진한 실크 소프트아이스크림이 들어간다.

오리지널 굿즈가 가득

가게 안에서는 러키 피에로의 오리지널 굿즈도 판매한다. 식품, 문구류, 생활용품, 의류 등이 있어 하코다테 기념품으로도 인기다.

회전목마도 있다!
여기는 테마파크?

가게 안에 회전목마가 있는 도게시타 총본점. 커다란 기린도 있고, '곰 출몰 주의' 표지판도 있어 레스토랑이라는 것을 잊어버릴 정도다.

세계 최고의 산타클로스 컬렉션을 자랑하는 주지가이 긴자十字街銀座점, 매장 벽면 전체에 영화 포스터가 붙어 있는 미하라美原점 등 각 점포마다 개성이 넘친다.

1987년 탄생한 1호점

1987년 오픈한 러키 피에로 1호점(베이 지역 본점) 당시 사진. 마치 미국의 햄버거 가게 같은 분위기다.

교외형 레스토랑에서
특별한 '폭탄 햄버그'를

서양 집 같은 외관의 세련된 교외형 레스토랑. 나무의 온기가 느껴지는 차분한 분위기에서 느긋하게 식사를 즐길 수 있다.

플라잉 가든
フライングガーデン
(후라잉구가덴)

지역	군마, 사이타마, 도치기, 이바라키, 지바
매장 수	57개

폭탄 햄버그

1984년, 패밀리 레스토랑 '플라잉 가든'은 군마 기류시에 1호점인 신키류新桐生점을 오픈했다. 현재는 이바라키, 도치기, 군마, 사이타마, 지바에 57개 매장을 운영하는 체인이다.

간판 메뉴는 소고기 100%의 '폭탄 햄버그(바쿠한)'로, 고객의 50% 이상이 주문할 정도로 인기가 높다.

타원형의 두툼한 햄버그를 뜨거운 철판 위에 올려놓고 고객이 보는 앞에서 반으로 잘라 구워 육즙과 소스를 탁탁 튀기며 제공한다.

재료 관리부터 커팅 서비스까지 지식과 기술을 습득하여 독자적인 '마이스터 인증시

육즙 가득한 '바쿠한'
기본은 미디엄으로!

빵가루를 사용하지 않은 소고기 100%의 '폭탄 햄버그', 일명 '바쿠한'. 스테이크처럼 고기 본연의 맛을 즐길 수 있다.

폭탄 햄버그爆弾ハンバーグ(바쿠단한바구)

(오른쪽) 두번째로 인기 있는 메뉴. 껍질을 바삭하게 구워 고소하고 육즙이 풍부한 치킨에 특제 고마다레ゴマダレ(참깨 소스)를 듬뿍 얹어 먹는다. 바쿠한과의 세트 메뉴인 '치킨 콤비'도 인기다.

영계 우마이우마이 구이若鷄のうまいうまい焼き
(와카도리노우마이우마이야키)

양파와 무가 듬뿍 들어간
기본 일식 소스!

간장을 베이스로 한 '일식 소스' 외에 '마늘' '치즈' '야마와사비山わさび' 소스도 있다.

치킨 콤비チキンコンビ

험'에 합격한 직원만이 햄버그 만드는 일을 할 정도로 엄격하게 관리하고 있다. 재료를 잘 아는 전문가가 만드는 만큼 햄버그의 맛은 남다르다.

처음 메뉴명은 '석쇠구이 와규 100% 스테이크풍 햄버그'였으나, 여러 차례 시행착오와 개선을 거쳐 1991년 '폭탄 햄버그'가 탄생했다. 인지도를 높이기 위해 수익성을 무시한 반값 이벤트를 약 2년간 실시한 것도 큰 인기를 끌었다.

그 외에도 '영계 우마이우마이 구이' 등 수제 전문점다운 맛있는 메뉴를 다양하게 갖추고 있으며, 밝고 나무의 온기가 느껴지는 가게 안은 단골과 가족 단위 손님 들로 항상 붐빈다.

제철을 맛보는 신선한 샐러드旬を味わう新鮮サラダ
(슌오아지와우신센사라다)

갈릭 라이스ガーリックライス

밥이 뜨거울 때 잘 섞어 먹으면 더욱 맛있다. 세트
메뉴라면 '라이스'를 적당한 가격으로 변경할 수 있
다. 숨은 인기 메뉴다.

신선한 샐러드를 먹고 싶은 사람을 위한 몇 가지 저렴
한 샐러드 세트도 있다. (위) 단품 메뉴인 '물냉이와 매
콤달콤한 감자クレソンと甘辛じゃがいも'도 맛있다.

그릴 삼관왕グリル三冠王 (구리루산캉오)

'그릴 삼관왕' '활기찬 철인' '미소의 명인' 등 독특
한 메뉴명도 많다.

폭탄 치즈 2배爆弾チーズ2倍 (바쿠단치즈니바이)

바쿠한을 완성하는 전문가

각종 인증시험 합
격자에게 수여되
는 '장인' '마이스
터' '골드' 칭호.

'플라잉 가든' 탄생까지의 역사

1976년 오픈한 피자 & 크레이프 전문점 '노자와ノザワ'

군마현 기류시에 '노자와'를 오픈. 창업 매장은 24석으로 아담했다.

1981년 개점 '스파겟테이 노자와スパゲッ亭ノザワ'

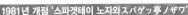

1981년에는 갓 조리한 스파게티 전문점 '스파겟테이 노자와' 스에히로초점을 오픈했다.

1981년 개점 '노자와 델리카ノザワデリカ'

1981년에 문을 연 '노자와 델리카'는 오니기리와 도시락, 샌드위치 등이 주 메뉴였다.

1982년 개점 '코코노자와KOKO ノザワ'

1982년에는 세련된 커피숍 '코코노자와' 스에히로초점을 오픈했다.

1984년 개점 '플라잉 가든' 신키류점

1984년 '노자와'의 요리 노하우를 집대성한 '플라잉 가든' 1호점 탄생.

하나씩 손으로 빚어 만드는 간사이의 명물 '부타만'

오사카

551호라이
551HORAI

지역 오사카, 효고, 교토,
나라, 시가, 와카야마

매장 수 60개
(홀 매장 18개 포함)

간판 메뉴인 '부타만'은 기념품으로도 인기가 높다. 오사카의 주요 역
(신오사카, 오사카), 공항 등의 매장에서는 냉장식품도 판매한다.

'부타만' '슈마이' '아마즈단고' 등의 상품으로 간사이에서 압도적인 인지도를 자랑하는
551호라이는 1945년 오사카 난바에서 탄생했다. 현재 중식당 외에도 간사이 지역에 60
개의 테이크아웃 매장과 홀 매장을 운영하고 있다.

큼직한 '부타만'은 하루 평균 17만 개를 판매할 정도로 인기가 높다. 주재료인 돼지고
기와 양파는 식감을 살리기 위해 주사위 모양으로 잘라서 양파의 단맛과 돼지고기의
육즙이 절묘하게 어우러진다. 은은하게 단맛이 나는 부타만 피도 맛있다.

테이크아웃 매장에서는 매일 조리를 시연하고 있다. 갓 만든 것을 제공하기 위해 매장

'551'의 주인공은 바로 갓 만든 부타만!

부타만豚まん

상호의 숫자 '551'의 유래는 창업 당시 가게의 전화번호가 '551'이었던 것과 '맛도 서비스도 이곳이 1등이 되자'라는 회사 목표에서 비롯된 것으로 알려져 있다.

슈마이焼売

새우 슈마이エビ焼売 (에비슈마이)

'부타만'에 이어 두번째로 인기 있는 '슈마이(다진 돼지고기에 채소를 얇은 피에 싸서 찐 만두)' '새우 슈마이' '교자' '아마즈단고' 등은 간사이에서는 저녁 반찬의 단골 메뉴.

구운 교자焼餃子 (야키교자)

매콤한 맛의 '구운 교자'는 쫄깃한 교자 피에 돼지고기와 아삭아삭한 채소가 듬뿍 들어 있다.

단초물甘酢로 빚은 고기완자는 맥주와 함께 먹기에도 안성맞춤

아마즈단고甘酢団子

내 주방에서 '부타만'을 한 개씩 직접 손으로 빚어서 쪄낸다. 그 제조법은 창업 이래로 변함없다. 당일 생산분은 당일 판매하기 때문에 언제나 신선한 맛을 즐길 수 있다.

551호라이 혼텐本店(본점)은 오사카다운 활기찬 난바 에비스바시스지戎橋筋 상점가의 중심에 있으며, 1층은 테이크아웃 전문점이다. 갓 만든 '부타만'과 '슈마이' 외에도 '아이스캔디'와 '차슈만', 본점 및 통신판매 한정 '안만'도 판매하고 있으며, 2층과 3층은 레스토랑으로, '부타만'은 물론 '해물 야키소바'와 중식 요리, 각종 정식 등을 즐길 수 있다. 그중에서도 '551 딤섬 세트'는 본점에서 가장 인기 있는 메뉴다.

타이완 포장마차의 대표 메뉴인 '단쓰멘担仔麵'에 부타만, 새우 슈마이, 아마즈단고, 스프링롤(하루마키), 디저트인 안닌도후杏仁豆腐(아몬드 젤리)가 포함된 인기 세트다.

551 딤섬 세트 551점심セット (고고이치덴신셋토)

샤오룽바오小籠包 (쇼롱포)

아마즈단고 정식甘酢団子定食

안만あんまん

551HORAI 본점은 정식, 세트, 단품, 딤섬 등 메뉴도 다양하다. 흑임자 페이스트가 들어간 '안만'은 담백한 단맛.

해물 야키소바海鮮焼そば (가이센야키소바)

초명인의 금배지

5년에 한 번씩 열리는 사내 행사에서 '초명인超名人'으로 선정된 장인에게는 금배지가 수여된다.

551 멘 551麵 (고고이치멘)

'해물 야키소바'는 탱글탱글하고 고소한 광둥식 안카케(걸쭉한 국물) 야키소바이다. 새우, 오징어, 가리비 등 세 가지 해산물과 채소의 감칠맛이 있다.

아이스캔디 프루츠アイスキャンデー フルーツ
(아이스칸 데후루쏘)

1954년부터 변함없는 제조법으로 만든 '아이스캔디'도 현지인들에게는 친숙하다. 맛은 여섯 종류이며, 가장 인기 있는 맛은 '프루츠'.

551호라이의 뿌리―쇼와시대의 귀중한 매장 풍경

1945년에 개업한 '호라이 식당蓬莱食堂'이 551호라이의 뿌리다. 창업 초창기 시절의 정통 중식 전문점 '호라이 식당'. 현재도 이곳에 본점을 두고 있다.

(왼쪽) 활기찬 쇼와시대의 매장 풍경.
(위) 매장 앞에서 '부타만' 조리를 시연해서 팔기도 했다.

29

식어도 맛있다!
요코하마 명물 시우마이!

하루 약 3만 개가 판매되는 '시우마이 벤토'는 일본에서 가장 많이 팔리는 도시락으로 알려져 있다.

시우마이 벤토 シウマイ弁当

옛날 그대로 시우마이昔ながらのシウマイ
(무카시나가라노시우마이)

식어도 맛있다.

참치 쓰케야키鮪の漬け焼
(마구로노쓰케야키)

직화로 구워 감칠맛이 응축된 참치.

달걀말이玉子焼き (다마고야키)

부동의 인기인 단골 메뉴.

가마보코蒲鉾

두툼하고 탱글탱글한 식감.

죽순조림筍煮 (다케노코니)

큰 냄비에 끓여낸 깊은 맛.

살구あんず (안즈)

입안을 개운하게 하는 역할.

요코하마 명물 '시우마이('슈마이'의 기요켄 표기방식)', 에키벤 '시우마이 벤토'로 유명한 기요켄은 1908년에 최초의 요코하마역(현 사쿠라기초역) 구내 매점으로 개업했다. 당시 주요 취급 품목은 우유와 사이다 등의 음료, 떡, 스시 등이었다.

1946년에는 요코하마역 구내 식당의 영업 허가를 받아 일식·양식 정식을 메인으로 하는 'KY식당'을 개업한다. 그 후 전시 통제가 해제되면서 돼지고기 시우마이 제조를 시작했고, 1950년에는 요코하마역 승강장에서 빨간 옷을 입고 띠를 두른 채 손바구니에 시우마이를 담아 "시우마이 어떠세요?"라고 말하며 차창 밖에서 판매하는 '시우마이 소녀'를 등장시켜 '요코하마에 시우마이 소녀가 있다'고 전국적으로 화제가 되었다.

'차한'은 쇼와시대 초기에 출시!

요코하마 차한横濱チャーハン

바삭바삭한 식감의 '요코하마 차한'은 그 옛날 볶음밥의 맛을 연상시키는 인기 도시락.

치즈 시우마이チーズシウマイ

네 가지 치즈를 즐길 수 있는 시우마이. 뜨겁게 데우면 안에서 치즈가 진하게 녹아나온다.

시우마이와 중국식 만주가 만주 한 개로!?

시우마이만シウマイまん

요코하마 월병横濱月餅 (요코하마겟페이)

화과자 같은, 일본인을 위한 '월병'으로 단골이 많다. 계절마다 바뀌는 맛도 유명하다.

중국식 만주 피 안에 시우마이의 속재료를 넣어 식어도 맛있는 '시우마이만'.

그리고 드디어 1954년에 요코하마만의 에키벤으로 '시우마이 벤토'가 탄생한다. 당시의 도시락은 시우마이를 메인으로 에키벤의 단골 메뉴인 생선구이와 달걀말이 외에 요코하마 가마보코와 슈에쓰酒悦의 후쿠진즈케福神漬(각종 채소 절임), 기요켄의 시우마이라는 3종 명품을 담아 큰 인기를 끌었다. '시우마이'와 '시우마이 벤토'는 기요켄의 양대 간판 상품이 되었다.

1955년에는 요코하마 역 앞에 '시우마이 숍', 1970년에는 도쓰카구에 교외형 레스토랑 '다이요太陽'를 오픈하여 현재의 레스토랑과 로드사이드 매장으로 이어졌다.

중화식당中華食堂(주카쇼쿠도)

기요켄 본점의 중화식당에서는 요코하마에서 탄생한 시우마이는 물론 합리적인 가격으로 정통 중식 요리를 맛볼 수 있다.

요코하마 아카렌가 소코텐横浜赤レンガ倉庫店

푸드코트 요코하마 아카렌가 소코텐에서는 '옛날 그대로 시우마이'가 포함된 '따끈따끈한 시우마이 정식ホカホカのシウマイ定食(호카호카노시우마이데쇼쿠)' (수량 한정) 등도 인기다.

새로운 시대의 인기 상품 & 오리지널 상품도 등장!

집에서 먹는 점보 시우마이 미니(おうちでジャンボシウマイmini)

큰 시우마이를 자르면 한입 크기의 '옛날 그대로 시우마이' 22개가 나온다. 파티에서도 즐길 수 있다.

'시우마이 벤토'의 포장 디자인이 프린트된 도시락과, 기요켄 도시락에 붙어 있는 젓가락을 형상화한 젓가락 세트도 등장했다.

누락

초대 1955년~

1955년 '시우마이'의 흰색 도자기 간장통 '효짱'이 탄생했다. 현재도 3대째 '옛날 그대로 시우마이' 등에 들어 있다.

1988년~

2003년~

기요켄의 역사에서 되돌아보는 '최초'의 사건들

1928년

1950년

(위) 1950년, 전후 요코하마에 활기를 되찾고자 요코하마역 승강장에 '시우마이 소녀'가 등장했다. 큰 화제가 되어 시우마이의 매출도 늘어났다.

(위) 1928년의 '시우마이'. (오른쪽) 1954년에 탄생한 '시우마이 벤도'. (아래) 1970년, 교외형 레스토랑 '다이요'가 문을 열었다.

1954년

1967년

(위) 1967년, '진공 시우마이' 출시. '진공 팩'이라는 단어는 기요켄의 발상.

1970년

현지 맛집 체인 디자인 갤러리
로고가 들어간 아이템

가게 이름이나 가게 로고, 캐릭터가 그려진 젓가락 봉투, 물수건 봉투, 종이 냅킨 등… 이런 가게의 오리지널 디자인을 보면 왠지 모르게 마음이 들뜬다. 메뉴를 고르고 음식을 기다리는 동안 설렘도 더해준다.

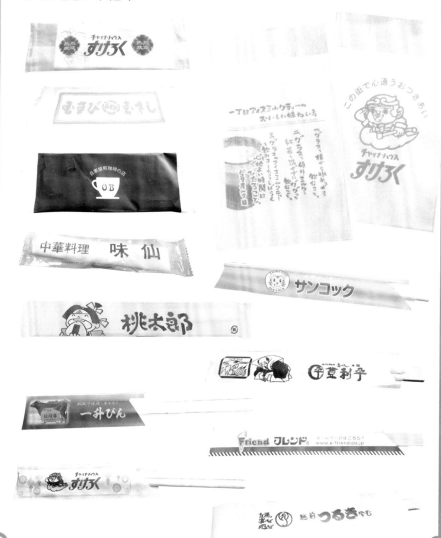

1부

현지인들이 사랑해 마지않는
특별한 맛!

패밀리 레스토랑
& 전문점 체인

전국적인 대형 체인과는 차원이 다르다! 고택풍의 패밀리 레스토랑, 성곽형 스시집, 대형 회전초밥, 교자, 중식 요리, 야키니쿠, 카레, 짬뽕, 다코야키, 초대형 음료 등. 독특하고 맛있는 패밀리 레스토랑 & 전문점 체인 여러 곳을 소개한다! 현지인들이 사랑해 마지않는 특별한 맛을 즐겨보자!

명물은 '미소니코미みそ煮込み'로
노포의 핫초미소 맛!

반도 미소니코미우동 런치坂東みそ煮込みうどんランチ

이바라키

반도타로ばんどう太郎

지역	이바라키, 도치기, 사이타마, 지바
매장 수	46개

가장 인기 있는 간판 메뉴. 반숙 달걀을 으깨어 국물에 섞어 먹으면 부드럽게 먹을 수 있다. 끝은 오지야おじや(밥알이 뭉개지도록 푹 끓인 죽)로 마무리.

이바라키를 중심으로 많은 점포를 운영하고 있는 일식 레스토랑 반도타로는 1975년에 창업했다. 소바, 우동, 스시를 3대 축으로 오픈 키친에서 만드는 약 100종류의 개성 있는 메뉴를 갖추고 있다.

간판 메뉴이자 명물인 '미소니코미우동(미소 국물로 끓인 우동)'은 전통 있는 핫초미소八丁味噌(콩으로만 담근 적갈색 미소)를 사용한다. 미소니코미우동만의 특별 조리법으로 깊은 맛을 즐길 수 있다.

쌀은 아침과 저녁에 사용할 분량만 각 매장에서 도정해서 갓 지은 따끈따끈한 밥을 제공한다. 쌀을 도정할 때 나오는 쌀겨로 만든 누카즈케糠漬け의 신코新香(채소 절임)도 맛있다.

연회나 경조사 메뉴, 어린이 메뉴 등도 다양해 패밀리 레스토랑으로도 인기가 높다.

미니돈과 작은 접시들이 가득한 '즐거움' 메뉴

즐거움 미니돈 세트お楽しみミニ丼セット
(오타노시미미니돈셋토)

시로마루고마 미소니코미우동白まるごまみそ煮込みうどん

안미쓰あんみつ

(위 왼쪽) 미니 돈부리 두 개에 우동과 작은 접시 요리가 포함된 세트. (위 오른쪽) 시로미소를 베이스로 한 매콤한 맛. 탄탄멘처럼 즐길 수 있다. 참깨 없는 버전도 있다. (왼쪽) '안미스'(한천에 과일과 앙금을 넣은 디저트)는 계절에 따라 재료가 달라진다.

참치 모듬 세트まぐろづくしセット(마구로즈쿠시셋토)

가쓰돈 세트かつ丼セット

물과 차가 모두 나온다. 그 순서는 계절이나 기온 등을 고려해 바뀐다.

세트 메뉴도 다양하지만 단품 메뉴도 저렴하게 세트로 구성할 수 있는 것도 매력적이다.

진심을 담은 '환대'!

1975년 이바라키 사카이마치境町에 1호점을 오픈했다.

백일 축하 밥상お食い初め膳
(오쿠이조메젠)

축하복래 돌떡과 주머니 세트
祝い福来一升餅と福来袋セット

돌떡과 백일 축하 밥상 등 행사에 맞는 메뉴를 주문할 수 있다(예약 필수). 축하용 도미祝い鯛(이와이다이)도 구워준다.

그날 마지막 손님은 총출동해 배웅한다. '바닥 반짝반짝 책임자' 등 독특하고 다양한 책임자 제도도 있다.

난부南部의 옛 민가풍 고택
일본식 레스토랑

이와테

난부야시키南部家敷

지역	이와테, 미야기, 아키타
매장 수	23개

이와테 기타카미시의 본점은 1881년에 지어진 옛 이토요 촌장의 저택이 원형이다. 또한, 각 매장의 물레방아에는 한때 물이 흘렀다.

1971년 창업한 난부야시키는 도호쿠 지역 패밀리 레스토랑의 선구적인 존재다. 난부 지방(이와테 북중부, 아오모리 동쪽 지역을 가리킨다)의 옛 민가풍으로 지어진 본점은 마이카 시대가 도래하면서 도로변 대형 매장 분위기의 일본식 레스토랑으로 큰 인기를 끌었다. 여유로운 공간에서 소바, 덴푸라, 장어 삼총사를 중심으로 한 다양한 세트 메뉴를 즐길 수 있다.

매장 내 조리를 고집해 소바 쓰유의 원료인 가에시かえし(간장, 미림, 설탕으로 만든 조미료) 등을 제외하고 갓 만든, 갓 튀긴, 갓 뽑은 요리를 제공한다. 소바는 매일 매장에서 직접 뽑고, 육수에는 고치현 도사시미즈의 가쓰오가메부시かつお亀節(소형 가다랑어를 3등분하여 만든)를 사용한다. 신선한 소바의 식감과 깔끔한 풍미로 깊고 부드러운 맛을 즐길 수 있다.

이곳의 자랑인 소바를 맛볼 수 있는 다양한 세트 메뉴가 있다!

롤레방아 소바水車そば(스이샤소바)

인기 1위 메뉴. 새우 두 마리, 가리비, 단호박, 표고버섯, 꽈리고추 덴푸라가 함께 제공된다.

가미야시키소바上屋敷そば

미니 우나돈 세트ミニうな丼セット

소바집 특유의 일본식 가쓰돈, 엄선된 장어를 사용한 우나돈 등의 세트도 인기다. (오른쪽 위) 완코소바(작은 그릇에 담긴 소바)를 모티브로 한 '가미야시키소바'는 다양한 양념을 활용해 소바를 맛볼 수 있다.

가쓰돈 세트かつ丼セット

오픈 당시 본점은 매우 붐볐다!

1971년에 문을 연 창업점. 논 한가운데 잡목숲에 있는 매장은 진짜 고택과 진짜 띠 지붕을 사용했다. 오픈 당시 광고는 '드라이브 인 난부야시키'였다.

1971년
이와테일보

1979년
이와테니치니치신문

추억의 TV 광고

약 50년 전부터 TV 광고를 방송. 닌자 스타일의 세 아이가 등장하는 '분신술' 버전.

도호쿠의 일본식 레스토랑
그 시작은 마을의 소바집

푸짐한 한 상 にぎわい御膳 (니기와이오젠)

'푸짐한 한 상'은 소바, 덴푸라, 스시를 한 번에 즐길 수 있는 마루마쓰 대표 세트 메뉴. '가쓰돈'과 인기 1, 2위를 다툰다.

하라코메시 미니소바 세트
はらこ飯ミニそばセット

미야기의 계절 메뉴, '하라코메시'(연어 살과 알을 넣어 지은 밥). 마루마쓰에서는 가을 무렵의 한정 메뉴로 사랑받고 있다.

미야기

일본식 레스토랑 마루마쓰
和風レストラン まるまつ (와후레스토랑마루마쓰)

| 지역 | 미야기, 후쿠시마, 이와테, 아오모리, 아키타, 야마가타, 5 |
| 매장 수 | 88개 |

일본식 레스토랑 마루마쓰의 창업은 1982년. 스시, 덴푸라, 소바 등의 일식을 중심으로 돈부리, 정식, 고젠(한 상 차림) 등도 제공한다. 시작은 메이지시대에 창업한 '마루마쓰 소바점'이다. 소바 전문점으로 시작한 식당답게 엄선된 가쓰오부시를 블렌딩한 육수는 향이 진하고 깊은 맛이 난다. 소바 단품과 세트 메뉴도 다양하다.

계열사로는 소바점도 있다

마루마쓰의 또 다른 업종으로 소바 전문점 '소바도코로 마루마쓰'도 운영하고 있다. '히야시하나'는 덴카스와 히야시추카冷やし中華(차가운 중식 면요리)와 같은 재료를 얹은, 센다이 주변의 향토 메뉴다.

소바도코로 마루마쓰
そば処丸松

히야시하나冷し花

'하카타 덴푸라'의 명가에서 뜨거운 덴푸라를 맛보자!

명란明太子 (멘타이코)

오코노미 정식お好み定食 (오코노미데쇼쿠)

유자후추, 카레소금, 참깨소금

모차렐라 치즈

(위) 정식 중 가장 인기 있는 '오코노미 정식'은 육류, 해산물, 채소 3품의 푸짐한 세트. (오른쪽) 단품으로 가장 인기 있는 것은 치즈이며, 세 가지 양념을 이용하면 다양한 맛을 즐길 수 있다.

오징어젓いかの塩辛 (이카노시오카라)

무료로 한 접시씩 제공되는 명물 '오징어젓'도 일품이다. 은은하게 풍기는 유자의 풍미가 입맛을 돋운다.

전신이 드라이브인!?

1978년 오픈한 '드라이브인 히라오ドライノインひらお'가 전신이다. 그 후 야키토리 로바타야키, 대중식당 등을 거쳐 현재의 덴푸라 전문점으로 바뀌었다.

후쿠오카

덴푸라도코로 히라오 天麩羅処 ひらお

| 지역 | 후쿠오카(후쿠오카 시내 6개) | 매장 수 | 7개 |

갓 튀긴 덴푸라를 한 개씩 먹을 수 있는 하카타博多 스타일의 '하카타 덴푸라'다. 1979년에 오픈한 '덴푸라의 히라오天ぷらのひらお'는 하카타 덴푸라를 대표하는 명가다. 고객의 주문과 먹는 속도를 '튀김 장인'이 파악하고, '배분 장인'이 뜨거운 덴푸라를 최적의 타이밍에 고객의 손끝으로까지 가져다준다. 카운터석만 있는 정갈한 좌석도 매력적이다.

사카이미나토의 신선한 '데카네타(큰 네타)'!
산인 지방의 인기 스시

'지자카나地魚(현지생선)' '데카네타でかネタ' '아사도 레신센朝どれ新鮮(아침에 잡아 신선)'이라는 글자가 눈에 띄는 매장 외관. 오본 같은 연휴에는 네다섯 시 간 대기하기도 한다.

돗토리

회전초밥 홋카이도
回転すし 北海道 (가이텐스시 홋카이도)

지역	돗토리(4개), 시마네	매장 수	5개

돗토리 사카이미나토의 신선하고 큰 네타(스시 위에 올리는 재료)를 사용해 큰 인기를 끌고 있는 '회전초밥 홋카이도'. 이 가게의 전신은 1979년 창업한 '구루쿠루즈시くるくる寿司'로, 회전초밥 업계에서도 일찍이 시작한 가게다. '홋카이도'에서는 그 경험과 실적을 살려 쌀과 네타의 신선도를 고집하는 스시를 제공하고 있다. 현지 산인山陰 지방(돗토리와 시마네 등 주고쿠 지방에서 동해에 접한 지역)에서 난 쌀을 사용한다. 사카이미나토에서 신선한 생선을 구입하며, 그 가게에서만 맛볼 수 있는 희귀한 생선이 매일매일 들어오기도 한다. 레일에는 색색이 화려하고 신선하며 도톰한 스시가 돌고 있다. 갓 만든 스시를 맛있게 제공하기 위해 손님이 보는 앞에서 재료를 자르고, 스시와 스시 사이에 간격을 두고 돌린다.

연어부터 구운 음식까지 손맛이 담긴 일품 요리

연어(송어)サーモンサモン(トラウトトラウト)

살짝 구운 연어 뱃살炙リトロサーモン(아부리토로사몬)

인기 1위는 양파 슬라이스를 얹은 '연어'. 2위는 '살짝 구운 연어 뱃살' 초밥.

다랑어 삼매マグロ三昧(마구로산마이)

게살 달걀찜
カニ茶碗蒸し(가니차완무시)

초·특제 두툼한 달걀말이
超〈特製〉厚焼玉子(초토쿠세이 아쓰야키타마고)

'이와미긴잔텐료 달걀石見銀山天嶺卵(시마네 현내 농장의 달걀 브랜드)'을 사용한 두툼한 달걀말이는 아카시아꿀과 홋카이도산 사탕무 당의 깔끔한 단맛이 일품이다. 손님 앞에서 구워 뜨겁게 제공한다.

이시카리지루石狩汁

홋카이도 명물 '이시카리지루(연어 채소 된장국)'. 가게 이름의 '홋카이도'는 연고가 있는 홋카이도의 가게에 대한 경의를 표하기 위해 붙여진 이름이다.

전국적인 대형 식당 체인에는 나오지 않는, 현지에서 소량만 취급하는 희귀한 재료도 많다. 이것도 '사카이미나토 직송'만의 특징.

뿌리는 '구루쿠루즈시'

1979년 창업한 구루쿠루즈시 요네하라米原점. 약 20년 후인 1998년에 홋카이도 고야마湖山점을 오픈.

고객에게 식재료 정보를 전달

매장에 생산자와 산지 모습을 포스터 등으로 게시해 안전하고 질 좋은 식재료에 대한 정보를 제공한다.

바다 없는 현에서 사랑받는
'성城으로 된 스시집'

'또 하나의 오가키大垣성'이라고 할 만한 훌륭한 오가키 총본점. '하쓰즈시 런치'는 그날그날 바뀌는 네타를 저렴한 가격에 즐길 수 있다.

하쓰즈시 런치初寿司ランチ

기후 하쓰즈시 ぎふ初寿司

지역	기후, 아이치(1개)
매장 수	7개

기후

1957년, 고급 음식이었던 스시를 '원조 10엔 스시'로 제공한 것이 기후 하쓰즈시의 시작이다. 지금은 직영점 7곳 외에 영업권을 나눈 매장이 약 30곳에 달한다. 카운터석에서 저렴하게 스시를 즐길 수 있는 가게로 인기다. 창업자가 성을 좋아했던 까닭인지 성 모양의 매장이 많다. 그중에서도 오가키 총본점은 웅장한 모습을 하고 있다.

초창기부터 큰 네타가 인기였지만, '긴 네타'로 발전시킨 메뉴도 인기다. 스시용 쌀은 기후현의 하쓰시모와 고시히카리를 독자적으로 블렌딩한 것을 사용한다. 가계 조사에서 '스시 소비액' 상위권에 속하는 기후를 대표하는 체인이다.

'붕장어 한 마리 스시(오아나고 잇쏜니기리)' 명물을 만들어내는 손길

큰 붕장어 모둠
大きな穴子の盛合せ(오키나아나고노모리아와세)

붕장어는 시간을 들여 삶아서 갓 구워낸 뜨거운 상태로 제공한다. 붕장어 삶은 국물을 끓여 만든, 비공개 비법의 '쓰메다레つめダレ'와 함께 즐긴다.

정통 감정사의 참치 10피스 세트
本目利きまぐろ10貫づくし(혼메키키 마구로 주칸즈쿠시)

참치가 인기인 하쓰즈시. 야나기바시柳橋 시장에서 반세기를 이어온 노포로부터 매일 아침 신선한 재료를 공급받는다.

박력 30피스 차림
迫力30貫盛り(하쿠료쿠 산주칸모리)

삐져나온 도로타쿠마키
はみ出すとろたく巻(하미다스토로타쿠마키)

기름진 참치 뱃살(도로)과 바삭바삭한 단무지(타쿠)의 식감이 즐거운 김말이로, 술안주로도 좋다.

오가키 본점에는 성을 좋아했던 창업자의 소장품이 있다

성을 사랑했던 선대의 컬렉션도 볼 수 있다. 현지 TV 프로그램에서 감정받은 적도 있다.

기소히노키 계단 런치
木曽桧の階段ランチ(기소히노키노카이단란치)

편백나무로 주문 제작한 계단에 초밥이 올라간다. 주로 축하하는 날에 먹는 매장 한정 메뉴.

붉은색을 기조로 한 매장은 외관도 매장 내부도 화려한 인상이다. 귀여운 손오공 캐릭터가 눈에 띈다.

가족 손님에게도 큰 인기 노포 중식 체인

에히메

차이나하우스 스케로쿠
チャイナハウスすけろく

| 지역 | 에히메, 가가와(1개) | 매장 수 | 7개 |

만주에서 교자 만드는 법을 배워 귀국한 창업자가 야타이(노점) '스케로쿠助六'를 거쳐 1950년 교자 전문점 '스케로쿠 교자 노포助六餃子老舗'를 창업했다.

이후 매장을 늘리면서 1980년에 교외형 중식 패밀리 레스토랑 '차이나하우스 스케로쿠'를 열었다. 미국식 패밀리 레스토랑의 시스템을 도입해 당시로서는 획기적인 대형 매장으로 인기를 끌었다.

계절 한정 메뉴도 풍부하며, 200가지 이상의 압도적인 메뉴를 갖추고 있다. 이를 자유롭게 조합할 수 있는 세트 메뉴도 매력적이다. 명물인 교자는 고기와 채소가 반반씩 들어가 육즙이 풍부한 중국식으로, 그 맛은 창업 이래 변함없다.

스케로쿠 한찬すけろくハンチャン
단연 인기 1위 메뉴. '스케로쿠 라멘'에 1/2인분 차한, 가라아게가 세트.

마쓰야마의 명물이라면 스케로쿠라멘을 빼놓을 수 없다!

짜사이(자차이)에 다진 고기, 향이 나도록 튀긴 파를 볶은 국물과 달걀이 면에 어우러진 '스케로쿠라멘'. 고들고들한 차한과 육즙이 풍부한 가라아게도 맛있다!

원조 스케로쿠의 야키교자
元祖すけろくの焼餃子

옛날의 맛을 지키는 인기 메뉴 '원조 스케로쿠의 야키교자'. 점심시간에는 샐러드 뷔페와 무료 음료 서비스도 된다.

맥주잔 크림소다
ジョッキのクリームソーダ
(좃키노쿠리무소다)

스케로쿠 히스토리

1950년 창업 이래 맥을 이어온 스케로쿠의 역사. 자세한 내용은 알 수 없지만, '움직인다! 조리장!'이라는 카피의 이동 키친카도 있었던 것 같다.

1950년 창업 당시
'스케로쿠 교자 노포'

1960년 스케로쿠노교자
총본점 개점

1980년 차이나하우스
스케로쿠 요시후지吉藤점
개점

아이의 마음을 놓지 않는다

총 1만 명이 넘는 '꼬마 회원'에게는 생일, 입학, 졸업 때마다 특별 메뉴를 제공한다. 고구마 캐기 대회, 책자 발행, 경품 추첨도 한다.

파란 가게에 노란 호랑이!
'중화'라고 하면♪ '산콕'

인기 프로그램 〈탐정! 나이트 스쿠프〉에서도 화제가 된 특이한 간판을 여러 개 설치했다. 가게 안에는 전대 로봇이 늘어선 독특한 구조.

기후

산콕サンコック

지역	기후
매장 수	4개

음식점에서는 보기 드문 푸른색을 칠한 중식당 산콕은 1984년에 창업하여 기후의 세이노西濃 지역(기후현 남서부)에 네 개의 매장을 운영하고 있다. 산지 직송으로 당일에 소진할 양만큼의 채소, 쌀과 밀가루, 참깨 페이스트 등을 준비하며 모두 일본산으로 사용하는 등 재료에 신경을 쓴 중식 요리를 제공하고 있다. 현지에서는 호랑이 캐릭터 '도라지로とらじろう'로도 유명하다.

세트 메뉴는 둘 다 레귤러 사이즈의 대용량으로 'A기ギ'('A'는 차한, '기'는 교자라는 뜻)라는 은어 같은 단어의 조합으로 주문한다. 요리는 사진이 아닌 그림으로 표현되어 있다. 가게만의 규칙과 아이디어도 재미있는 독특한 중식당이다.

**인기 메뉴끼리 모아둔
넘버원 세트 'C 없음(나시)'**

국물 없는 탄탄
汁なし坦々(시루나시탄탄)

덴신한天津飯

시오다레(소금 소스)의 '덴신
한'(달걀 덮밥 같은 일본식 중식
요리)은 쫄깃한 일본산 밀면
으로 만든 '국물 없는 탄탄'
과 인기 1, 2위를 다투고 있
다. 이 두 가지의 세트인 'C
없음'이 큰 인기다.

마라마파麻辣麻婆(마라마보)

(왼쪽) 중국 흑초와 발사믹
식초로 만들어 부드러운
단맛과 과일 향이 나는 '흑
초 가라아게'. (위) 혀가 마
비될 정도로 매운 '마라마
파'는 돌솥 스타일이다.

이나차한稲葉チャーハン

현지 여고생인 이나바 씨가 고안한 '이나차
한'이 인기를 끌면서 대표 메뉴가 되었다.

흑초 가라아게
黒酢からあげ(구로즈카라아게)

창업 당시에는 흰색 간판

창업 당시에는 흰색을 기본으로 한 매장. 그러
던 중 음식점에서는 드물게 눈에 띄는 파란색을
기본 컬러로 사용하게 되었다.

1984년 창업 당시 오가키大垣점.

파란색으로 빛나는 노란 호랑이

호랑이띠인 창업자의 이름을 따서 호랑이 캐
릭터를 고안했다. 스티커와 굿즈도 출시.

49

라·교·차 세트ラ·餃·チャセット

교자餃子

(위) 라멘, 교자, 차항을 각각 하프 사이즈로 맛볼 수 있다.
(왼쪽) 교자는 두꺼운 피에 육즙이 풍부해 맛이 일품.

바쿠단 볶음バクダン炒め(바쿠단이타메)

채소 듬뿍 탄멘野菜たっぷりタンメン(야사이탓푸리탄멘)

(위) 일본산 채소로 하루에 필요한 채소 350g을 섭취할 수 있다. (왼쪽) 사장도 좋아하는 '바쿠단 볶음('폭탄 볶음'이란 뜻으로 숙주, 배추, 돼지고기, 부추 등을 맵게 볶은 요리).

술 한잔도 OK인
대형 중식 체인

사이타마

히다카야日高屋

| 지역 | 도쿄, 사이타마, 가나가와, 지바, 이바라키, 군마, 도치기 |
| 매장 수 | 410 개 |

옛날 모습으로도 영업 중!

히다카야가 많은 동네에서는 경쟁을 피하기 위해 옛날 그대로의 모습도 남아 있다. 히다카야에는 없는 숨은 명작 메뉴도 있다.

400개가 넘는 매장 수를 자랑하는 간토 지방의 현지 메가 중식 체인으로, 도쿄와 여섯 개현의 역 앞을 중심으로 식사부터 간단한 음료 수요까지 커버하고 있다.

맛은 시대에 따라 조금씩 변화를 주며, '주카소바中華そば' '돈코쓰라멘' 등은 가는 도쿄면, '미소라멘'은 굵은 기타카타면으로 구분해 사용한다. '찌개미소라멘チゲ味噌ラーメン' 등 개성 넘치는 기간 한정 메뉴도 인기다.

젊은 날의 간다神田 회장

1973년 창업한 '라이라이켄来々軒' 앞에서. 이 매장의 모습은 창업지인 오미야大宮를 중심으로 지금도 네 곳에 남아 있다.

50

창업자가 사랑하는 히다타카야마飛騨高山의 풍경을 재현한 매장. 가게 안에는 민예품과 하마마쓰 축제의 제등도 있다.

고모쿠라멘五目らーめん

하마마쓰 교자와 라멘 세트浜松餃子とらーめんのセット

(위) 인기 세트 메뉴. (오른쪽) 두번째로 인기 많은 고모쿠라멘(여러 가지 재료를 넣은 라멘)은 이 가게의 대명사가 된 메뉴.

팔색라멘八色らーめん(야이로라멘)

과거에는 수많은 창작 라멘도 탄생했다. '팔색 라면'은 교자 등 8종의 재료가 들어 있다. 현재는 판매하지 않는다.

어머님께

아이들은 어리기의 명수입니다. 우리가 어렸을 때도 그랬습니다. 테이블이나 주변이 지저분해지는 것은 일절 신경 쓰지 말아주세요. 저희 매장의 직원이 치우겠습니다. 드니 저희 매장에 오셨을 때만큼은 천천히 드셔주세요. 어머님!

고미핫친 직원 일동

아이와 함께 온 엄마들도 여유롭게 식사할 수 있도록 1983년부터 포스터를 붙이고 있다.

창업 때의 맛을 지켜온 명물 '하마마쓰 교자'!

시즈오카

고미핫친五味八珍

지역	시즈오카, 아이치, 야마나시·가나가와(각 1개)
매장 수	48개(직영점 41개, 가맹점 7개)

교자 야타이(노점)에서 시작

(왼쪽) 창업 당시 테이크아웃 전문점인 가미지마上島점. (오른쪽) 옛 민가풍의 차분한 분위기의 구 덴노天王점.

명물 '하마마쓰 교자浜松餃子'로 유명한 고미핫친은 1970년에 창업했다. 교자 노점에서 시작하여 슈퍼마켓 앞의 교자 매점, 라멘 가게 등을 거쳐 현재의 중식 패밀리 레스토랑의 형태를 갖추게 되었다. 창업 이래 맛을 지켜온 '하마마쓰 교자'는 단품, 정식, 세트 등 종류도 다양하며, 이 가게에서 단연 최고의 인기를 자랑한다.

야키(구운)·아게(튀긴)·스이(물)! 모두 맛있다!! 우쓰노미야 교자 가게

메뉴는 교자와 밥 정도로 매우 간단하다. 매장에 따라 면요리 등도 있다.

도치기

우쓰노미야 민민
宇都宮みんみん

지역	도치기 (우쓰노미야 시내 7 매장)
매장 수	9개

베이징에서 귀국한 창업자가 1958년 우쓰노미야시 중심부 미야지마초宮島町에서 교자 전문점 '민민みんみん'을 개업했다. 배추를 비롯한 채소가 듬뿍 들어간 교자는 담백한 맛이다. 마늘 냄새는 거의 나지 않고 감칠맛만 입안에 남는다. 당시 라멘은 30엔대, 교자는 50엔대로 비쌌지만, 맛으로 인기를 끌었다.

처음에는 가게에서 술을 제공하지 않았고, 여성 손님 위주여서 교자를 집으로 포장해 갔기 때문에 우쓰노미야에 교자가 정착하게 되었다고 한다. 밥과 잘 어울리는 교자라서 현지에서는 '더블·스이·라이스(야키교자 둘, 스이교자 하나, 밥)'를 주문하는 사람들도 많다.

교자는 숙련된 직원이 만든다. 겉은 바삭하고 속은 촉촉하게.

야키교자焼餃子

가볍게 먹을 수 있는 채소 75%, 고기 25%의 교자

스이교자水餃子

아게교자揚餃子

인기는 야키교자(구운 교자), 스이교자(물 교자), 아게교자(튀긴 교자) 순. 참깨기름 100%로 튀기는 아게교자는 판매하는 매장이 한정되어 있다. 스이교자는 1인분 134kcal로 저칼로리.

쌀은 도치기산 고시히카리. 교자와 함께 먹으면 밥이 더 맛있다. 가게에서도 밥을 추천한다.

야키교자와 아게교자는 테이크아웃이 가능하며, 냉동 생교자도 주문할 수 있다.

원래는 건강식품점이었다

전신이었던 '하우자'. 주로 건강식품을 판매하는 가게였지만, 당시부터 베이징에서 배운 가정 요리 중 하나로 교자와 슈마이를 제공하기도 했다.

배추를 절반으로 담백하게

교자는 채소 75%, 고기 25%. 채소는 배추가 절반 이상이라 담백하고 먹기 좋다.

"3할 맛있다!!"로 친숙한 야키교자!

라멘과 차한에서 이름을 따온 마스코트 '란짱ランちゃん'. 그 모델은 현 사장(?)이다. 오른쪽은 초대 사장. (아래) 얼굴을 내밀 수 있는 입간판도 있다!

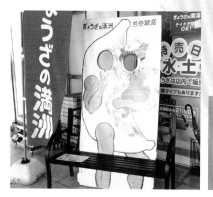

사이타마

교자노만슈 ぎょうざの満洲

지역	사이타마, 도쿄, 군마, 가나가와(1개), 오사카, 효고
매장 수	102개 (간토 92, 간사이 10)

"3할 맛있다!!"라는 말을 들으면 사이타마, 도쿄, 군마 사람들이 떠올리는 교자노만슈는 1964년 사이타마 도코로자와시에서 개업한 중식당 만슈리満洲里가 그 시작이다. 그로부터 13년 후인 1977년부터 현재의 가게 이름으로 바뀌었다.

간판 메뉴는 물론 '야키교자'이다. 미호노포크美保野ポーク를 비롯한 엄선된 일본산 돼지고기를 사용하고, 밀가루와 채소도 모두 일본산이다. 갓 구워낸 따끈따끈한 교자를 '맛있고, 싸고, 건강하게, 맛의 3할(30%)을 더해' 제공한다.

교자 이외의 메뉴도 다양하고 여성 손님도 많아 남녀 손님이 반반씩 방문하는 매장도 있다. 튀는 외관과 안심할 수 있는 오픈 키친, 밝은 조명도 인상적이다.

가수율 50%, 피가 쫄깃쫄깃한 교자로 승부한다!

야키교자焼餃子

기계 생산에서는 불가능한 '가수율加水率(밀가루 대비 물의 양) 약 50%'를 실현. 재료의 50%에 일본산 돼지고기를 사용한다.

차한チャーハン

(왼쪽) 백미와 현미를 각각 절반씩 사용해 특유의 고소함과 차진 식감을 살렸다. 재료의 맛을 살리기 위해 간에 양념을 하지 않는다.

간 부추 볶음レバニラ炒め (레바니라이타메)

만슈쇼유라멘満洲しょうゆラーメン

일본산 통닭 등으로 육수를 우려낸 '트리플 수프(닭, 돼지뼈, 어패류로 낸 국물)'와 도치기산 밀 다마이즈미 100% 면으로 깔끔한 맛을 낸다.

냉동 생교자冷凍生ぎょうざ

매장에서 판매하는 '생교자'가 매출의 약 30%를 차지하고 있다. 일본 전국 배송도 가능하다.

그리고 '교자노만슈'로

중화요리점 '만슈리'에서 '만슈반점'으로, 그리고 '교자노만슈'로. (아래) 과거 '생교자 특판일' 풍경. 무려 1인분 100엔!

채소는 만슈 농장에서

2014년경부터 교자용 양배추 등을 도쿄돔 두 배 크기의 자사 농장인 만슈 농장에서 생산하고 있다. 부사장도 수확기에는 매일같이 밭일에 몰두한다.

간판에 크게 쓴 가게 이름, 메뉴판 게시 방식 등 외관에서도 독특한 가게를 만들려는 의도가 느껴진다.

아마구치쇼유(단맛 간장)를 사용해 현지인이 좋아하는 맛에 집중한다

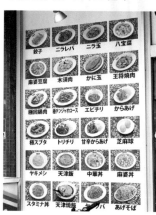

가고시마 교자노오쇼 鹿児島 餃子の王将

지역	가고시마(가고시마시 7개, 기리시마시 1개)
매장 수	8개

푸짐한 교자로 유명한 '가고시마 교자노오쇼'는 1978년 가고시마시에 1호점을 내고 현재 현내에 여덟 개 매장을 운영하고 있다. 간판 메뉴인 교자는 바삭한 피와 산지에서 직송한 재료를 듬뿍 사용한 속재료가 특징이다. 가고시마현산은 물론 양배추와 돼지고기, 밀가루도 일본산만을 고집한다. 매일 각 매장으로 직송되는 갓 만든 교자는 강한 불로 한 번에 구워져 따끈따끈하게 제공된다. 교자 이외의 중식 메뉴도 많으며, 고객과 점장의 아이디어를 반영한 개성 넘치는 매장 한정 메뉴도 있다. 가고시마산 아마구치쇼유를 사용해 현지인의 입맛에 맞춘 양념으로 오랫동안 사랑받고 있다.

교자餃子

과거 교토의 교자노오쇼(같은 이름의 전국 브랜드가 따로 있는데, 이 책에서는 가고시마의 독립적인 브랜드를 소개)의 레시피를 그대로 재현한 교자는 234엔이라는 놀라운 가격이다.

독자적인 색깔의 메뉴와 매장 한정 메뉴 즐기기

덴신한天津飯

복음밥ヤキメシ(야키메시)

명물인 검고 새콤달콤한 '덴신한'. 교토 교자노오쇼의 간사이식 레시피가 현지에서는 반응이 없자, 단맛을 좋아하는 가고시마 스타일로 특화해 인기.

달걀 수프玉子スープ(다마고스푸)

66엔의 '달걀수프(소)'는 곁들여 먹으면 좋다. 고쿠부国分점 한정.

가라아게からあげ

가슴살의 섬유질을 따라 가늘고 길게 자른 '가라아게'. (오른쪽) 추천하는 '야키라멘'은 매장 세 곳 한정.

야키라멘焼きラーメン

1호점 오픈 당시에는 그 유명한 이나모리 가즈오稲盛和夫도 도와주었다고?

1978년 1호점인 나카마치점 오픈 당시. 교세라(일본 전자기기 대기업) 창업자 이나모리 가즈오가 주방을 도왔다고 한다. 이나모리는 창업자의 친척이다.

고급 마쓰사카규를 '회전 야키니쿠'로 즐긴다

역사가 느껴지는 본점과 현대적인 미야마치宮町점은 1km 정도 떨어져 있다.
(아래) 본점 내부 모습.

미에

잇쇼빈 一升びん

지역	미에, 아이치
매장 수	14개

1962년 미에 마쓰사카시에서 창업. 예전에는 '밤의 거리' 근처에 가게가 있어 곱창을 먹고 온 사람들과 유흥업소 직원들로 붐볐으나, 그 후에는 가족 단위의 손님들을 대상으로 하고 있다. '마쓰사카규松阪牛(마쓰사카산 쇠고기로 일본 3대 와규로 손꼽힌다)를 가능한 한 저렴하게 먹었으면 좋겠다'는 생각으로 독자적인 루트로 소를 한 마리씩 구입해 가격을 낮추고, 니가타 쌀 고시히카리로 가스불에 밥을 지어 구운 고기와 함께 제공한다.

무엇보다도 인기 있는 것은 회전초밥 형식으로 제공하는 '회전 야키니쿠'이다. 미야마치점과 나고야시 노리타케신마치則武新町점에서 실시하고 있으며, 마쓰사카규와 그 외 고기, 채소가 나온다. 물론 고기는 그 자리에서 바로 구워 먹을 수 있다. 회전초밥과는 또 다른, 나도 모르게 빠져들게 되는 즐거운 체험이다.

마쓰사카규부터 저렴한 것까지 ……고기가 돌고 있다!

마쓰사카규 A5 세트松阪牛 A5 セット

구이용으로 제공되는 일이 드문 A5 등급(와규 최고 등급)의 마쓰사카규. 특히 관광객들이 열광적으로 주문한다.

고급품부터 저렴한 부위까지 마쓰사카규도 많이 들어와 한 접시씩 부담 없이 맛볼 수 있다.

마쓰사카규松阪牛

보냉 케이스 안에서 돌기 때문에 신선도도 완벽하다. 접시의 모양에 따라 가격이 달라진다. 호루몬(대창, 곱창 등)을 비롯해 한 접시 200~300엔부터 즐길 수 있다.

'잇쇼빈'이라는 이름은 가족의 행복에서 비롯되었다

창업자 아사이 마쓰오 씨. 당시에는 가난한 가정이 많아서, 아버지가 낮은 밥상에 한 되들이 병(잇쇼빈)을 놓고 식사를 즐기는 것을 행복의 상징으로 삼고 '잇쇼빈'이라고 이름 붙였다.

닭고기鷄肉(게니쿠)

마쓰사카 서민들의 입맛에 익숙한 '닭고기 야키니쿠'도 맛볼 수 있다. 저렴하고 인기가 많아 '마쓰사카토리(닭)'라는 별칭도 있다.

철판을 기울여 굽어 넣는다!
'야키니쿠 철판'의 원조

고풍스럽고 운치 있는 외관과 가게 내부. 강렬한 마늘 풍미
의 메뉴지만 테이크아웃도 가능하다.

후쿠오카

빗쿠리테이 혼케 びっくり亭本家

지역	후쿠오카, 미야자키(1개)
매장 수	9개

1963년, 현재의 미나미후쿠오카南福岡 역 앞에 이자카야풍의 음식점을 오픈했다. 저렴
하면서 영양도 풍부하고 양도 많은 메뉴로 야키니쿠를 만들었다. 창업자의 아내가 시
식을 하고 "이거 놀랍다(빗쿠리びっくり)!"라고 한 말이 그대로 가게 이름이 되었다. 예
전에는 나베나 라멘도 있었지만 현재는 '야키니쿠'만 판매한다. 크기를 정하고 밥과 미
소시루(된장국)를 곁들이는 '야키니쿠 철판' 스타일의 원조다. 사용하는 돼지고기는 다양
한 부위가 듬뿍 들어 있고, 마늘이 식욕을 자극한다. 본점 점장이 알려주는 맛있게 먹
는 방법은 '가라미소辛味噌(짭짤하고 매콤하게 맛을 낸 미소)'를 얹어 먹는 것'이다. 열에 의해 지
방이 녹고 미소의 고형분이 남아 감칠맛이 두드러진다고 한다.

사실 '양배추'가 핵심. 품질에 맞게 조리한다

야키니쿠의 파트너인 양배추의 질이 매일 다르기 때문에 그에 맞게 조리하는 것이 중요하다. 양배추가 맛있는 시기에는 과연 별미다.

야키니쿠 한 장, 밥(소), 미소시루 포함
焼肉1枚·ご飯(小)※味噌汁付き

야키니쿠 1.5장焼肉1.5枚

단골들은 1인분 반(1.5장) 또는 한 장을 주문한 후 한 장 더 추가해 뜨겁게 먹는 경우가 많다.

철판 한쪽 끝에 나무막대를 받쳐서 깔고 철판을 기울인 다음, 다른 쪽 끝에 가라미소를 한 스푼 올려서 흘러내린 고기 기름에 가라미소를 녹여 먹는 것이 정석이다.

식욕을 돋우는 풍미와 적당한 매운맛을 맛볼 수 있는 '가라미소 후리카케'. 통신판매도 한다.

오키나와 사람이 남긴 선물?

신대는 오키나와 출신으로, 그때부터 이어져 온 전통으로 뱀술도 놓여 있다. 이것도 '놀랍다'.

야키니쿠 그대로 교자?

야키니구를 그대로 다져서 양념한 테이크아웃 전용 냉동 교자. 가라미소에 찍어 먹는다.

히로시마지만 간사이풍!
오코노미야키 유명 맛집

총본점은 도게키빌딩東劇ビル 2층에 있으며, 에스컬레이터를 타고 올라가면 만날 수 있다. 독립 매장은 '일본스러움'이 느껴지는 외관.

히로시마

도쿠가와 德川

지역	히로시마, 에히메·야마구치·시마네(각 1개)
매장 수	16개

"간사이풍 오코노미야키를 직접 만드는 즐거움을 히로시마에도 전파하고 싶다"며 1964년에 1호점을 오픈했다. 그러나 3년 정도는 간사이풍에 반응이 없어 손님들의 발길이 뜸했다고 한다. 그 후 사장이 직접 전단지를 돌리고 TV 광고의 반향도 있어 점차 인지도가 높아졌다. 지금은 히로시마 최대 규모의 오코노미야키 체인이 되었다.

대표 메뉴는 도쿠가와 15대 쇼군의 이름을 딴 간사이풍 오코노미야키. 간사이풍을 정도가 아니라고 여기는 현지인도 적지 않지만, '도쿠가와는 용서할 수 있다'는 의견도 있다. 물론 히로시마풍 오코노미야키도 메뉴에 있다. 히로시마 현내 매장에서 사용하는 양배추는 모두 히로시마산, 달걀은 모두 일본산 갓 낳은 것을 사용한다.

이에야스 公家康公(이에야스코)

오코노미야키 반죽 레시피는 외부에 공개되지 않아 사내에서도 아는 사람이 거의 없다. 칼슘이 들어 있고 양배추가 듬뿍 들어간 오코노미야키를 오리지널 소스에 찍어 먹는다.

이에쓰구 公家継公(이에쓰구코) | 이에모치 公家茂公(이에모치코)

15대 쇼군 중 가장 고급스러운 인물은 역사적으로는 존재감이 작은 이에모치 공이다. 돼지고기, 오징어, 새우가 들어간 호화로운 요리.

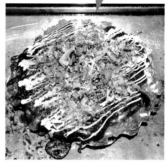

인기 1위는 돼지고기가 들어간 '이에야스 공'

폰즈 소스 굴 구이焼カキポン酢(야키카키폰즈)

히로시마풍 오코노미야키 広島風お好み焼き

간사이풍뿐만 아니라 히로시마풍 오코노미야키, 몬자야키もんじゃ焼き(묽은 반죽의 빈대떡 같은 요리), 야키소바 등 전국 각지의 오코노미야키 메뉴를 즐길 수 있다!

모던한 오코노미야키 전문점

1979년 신텐치新天地 점의 모습. 모던하고 서양식 레스토랑 같은 분위기였다. 참고로 '도쿠가와'의 유래는 '도쿠가와 막부처럼 오래 지속되길 바란다'는 뜻이다.

사장이 출연한 애니메이션 광고

평일 저녁 5시대에 히로시마에서 방영된 광고. 가사를 듣고 구워먹는 법을 배운 아이들이 도쿠가와에 속속들이 찾아왔다. 여성 캐릭터의 모델은 창업자.

63

'도로야키'와 간사이 현지 밀가루 음식이라면 여기!

과거에는 시골풍, 일본식, 서양식, 복고풍 등 다양한 분위기의 매장이 설계되었다. 현재도 그 흔적이 곳곳에 남아 있다.

효고

난푸 喃風

지역	효고, 오사카, 도쿄·지바·시가·나라·구마모토(각 1개
매장 수	26개

1985년 효고 히메지姫路시에 오코노미야키 '핫반八番'을 창업했다. 그 후 '미나미노카제南の風' '난푸南風'를 거쳐 현재의 '난푸喃風'가 되었다. 현지 음식으로 널리 알려진 창작 요리 '도로야키とろ焼'와 '철판 다코야키鉄板たこ焼' 외에도 본거지인 히메지 및 그 주변의 현지 밀가루 음식을 통째로 맛볼 수 있다. 그 라인업은 '히메지야키姫路焼' '반슈모단播州モダン' '소바메시そばめし' '호루몬우동ホルモンうどん' '히네폰ひねぽん' 등 다양하다. 모든 밀가루 메뉴에는 오리지널 믹스 가루와 특제 다시, 소 힘줄(스지)을 끓여 육수를 낸 '스지다시'의 두 종류를 사용한다.

역 앞에 있는 매장에는 이자카야 메뉴도 풍부하다. 전체의 약 70% 매장에서는 음식과 음료가 무한리필된다.

고온에서 구워 다시에 찍어먹는 '도로'의 맛

도로부타どろ豚

'도로야키どろ焼'는 230도의 철판에서 구운 것을 아카시야키(75쪽 참조)처럼 다시 국물에 찍어 먹는다. '도로(진흙)'를 연상시키는 부드러운 식감이 기분 좋다.

극한 부타다마極み豚玉 (기와미부타다마)

부타모단豚モダン

(왼쪽 위)'극한 부타다마'는 부드러운 달걀을 얹은, 육수가 들어간 부드러운 히메지야키. (오른쪽 위) '부타모단'은 히메지 지방 특유의 모단야키モダン焼(간사이 오코노미야키에 야키소바를 넣은 것). (오른쪽 아래) 효고 사요와 오카야마 쓰야마 명물인 호루몬이 들어간 야키우동.

히메지짬뽕姫路チャンポン

호루몬야키우동ホルモン焼きうどん

(위) 1950년경에는 히메지에서 사랑받던 야키소바와 야키우동으로 구성된 '히메지짬뽕'이 탄생했다.

'미나미노카제' 시대의 매장 내부

오코노미야키 '핫반' 창업 이듬해인 1986년, 센바에 오코노미야키 하우스 '미나미노카제'를 개업했다.

야미쓰키큐리やみつききゅうり

스피드 메뉴로 인기 있는 것은 큼직하게 썬 오이에 마늘 소금 소스를 뿌린 '야미쓰키큐리(중독이 될 만한 오이라는 뜻)'. 점심 등에는 소프트아이스크림도 함께 제공된다.

미요시노의 캐릭터 '폿푸스보야ぽっぷ
すぼうや'는 과거 사이타마에 있던 '레스
토랑 폿푸스'의 캐릭터였다.

카레에 교자를 토핑!?
'교자 카레' 탄생!

미요시노みよしの

지역	홋카이도(삿포로 시내 21개)
매장 수	26개

다이쇼시대 초기(1910년대), 삿포로 다누키코지狸小路에서 시작한 대중식당 미요시노
美よし野가 그 뿌리다. 이후 1967년에 당시로서는 드물게 교자 전문점 미요시노로 개업
했다. 그리고 '교자'와 '카레'라는 두 가지 메뉴를 기본 축으로 해서 삿포로를 중심으로
매장 수를 늘려왔다.

교자는 밥 반찬으로도 먹을 수 있도록 소고기와 돼지고기를 섞어 사용하고 진한 양념
으로 맛을 낸다. 또한, 쫄깃쫄깃한 탄력을 유지하기 위해 계절에 따라 물의 온도와 양
을 조절한다.

단맛과 매운맛을 자유롭게 선택할 수 있는 카레는 우유와 닭고기도 들어가며, 잘게 다
진 재료와 함께 진한 맛을 낸다. 교자를 비롯한 다양한 토핑과도 잘 어울린다.

만일의 조합도 다 '계산한 것'이라고?

교자카레ぎょうざカレー

1977년 카레 출시와 함께 등장한 '교자카레'. 얇은 피와 매콤한 교자가 적당한 존재감으로 조화를 이룬다.

미요시노 세트みよしのセット

도쿠 미요시노 모리카레(得)みよしの盛カレー

(위) 가장 인기 있는 메뉴는 '미요시노 세트'. (오른쪽) 홋카이도산 돼지고기와 가리비 관자를 사용한 '슈마이'는 저온냉장 제품도 판매한다.

슈마이しゅうまい

홋카이도 전역에 이름을 알렸다

1988년 출시한 저온냉장 '교자ぎょうざ'는 도내 1위의 점유율을 자랑한다. 냉동 제품도 나왔다.

광고 속 캐릭터는 실제 배우가 모델!?

매장 내부는 남성 손님이 주를 이루었고, 테이크아웃용 '교자'는 주부들을 위한 것이었다. 현재 매장 내 음식은 여성과 가족 단위 손님에게도 인기가 많다.

1977년 홋카이도신문

광고의 캐릭터는 배우 후지무라 아리히로藤村有弘가 모델이다. 그가 출연한 TV 광고도 있었다.

도카치의 상식!?
카레 하면 인데안!

인데안 インデアン

가쓰 カツ

가장 인기 있는 '인데안'의 뒤를 잇는 '가쓰'는 손님들의 요청에 따라 십자 모양으로 잘라 먹기 좋게 만들었다. 이 밖에도 고객의 목소리에 귀 기울인 서비스는 많다.

채소野菜 (야사이)

새우エビ (에비)

루roux는 세 가지 중에서 선택할 수 있다. 그중에서도 채소가 듬뿍 들어 있어 인기인 '채소 루'는 쉽게 상하기 때문에 생산량을 제한하고 있어 자주 품절이 된다!

가리(생강 초절임), 아오지소노미(푸른 차조기 열매), 후쿠진즈케(각종 채소 절임)가 무한리필. 특히 가리와 함께 먹는 카레는 한 끼 식사로 손색이 없다.

2023년부터 냉동 제품을 매장에서 판매. 다른 현에 사는 자녀에게 보내는 등 유용하다.

홋카이도

카레숍 인데안
カレーショップ インデアン

지역	홋카이도(도카치 11개, 구시로 2개)
매장 수	13개

카레숍 인데안은 1899년에 창업한, 도카치＋勝에서 가장 오래된 음식점을 탄생시킨 '후지모리 상회'가 모체이다. 인구 약 32만 명의 도카치에만 11개 매장이 있는 현지 카레 체인이다. 저녁이 되면 냄비나 밀폐용기 등을 가지고 와서 카레를 테이크아웃하는 사람들의 모습도 볼 수 있다. 그 광경은 이제 도카치의 문화다. 카레의 매운맛은 5단계로, 무료로 선택할 수 있다.

1잔 100엔 시대였다

인데안 1호점은 도카치의 오래된 식당 '후지모리'의 일부를 활용해 1968년에 탄생했다.

'L가쓰 카레'가 간판!
가나자와 카레의 원조

L가쓰 카레 Lカツカレー

단연 인기 1위는 'L가쓰 카레'이다. 이시카와현 매장에서는 주문의 70%를 차지할 정도. 만드는 수고가 적기 때문에 빠른 제공이 가능하다.

M가쓰 카레 Mカツカレー

'M가쓰 카레'는 L가쓰보다 가쓰가 얇고 바삭바삭한 식감이다. 가쓰와의 밸런스를 고려해 소스는 한 줄로 뿌린다.

비엔나소시지카레 ウインナーカレー(윈나카레)

카레용으로 개발한 소시지를 튀겨서 제공한다. 소시지는 가장 인기 있는 토핑이다.

차가운 카레 冷やしカレー(히야시카레)

여름 한정으로, 카레에 혁명을 일으킨 '차가운 카레소스와 차가운 밥'이 일품.

이시카와

챔피언 카레
チャンピオンカレー(참피온카레)

지역	이시카와, 도야마, 도쿄, 홋카이도 · 나가노 · 아이치 · 교토 · 효고 · 후쿠오카(각 1개)
매장 수	29개

가나자와 카레의 기원

'양식 다나카洋食タナカ'(왼쪽)에서 인기를 끌었던 돈가스 정식과 카레를 하나로 합친 'L가쓰 카레'가 가나자와 카레의 원류라고 할 수 있다.

이시카와 현민의 압도적인 지지를 받는 통칭 '참카레'. 가나자와 카레의 원조라 할 수 있다. 1961년 창업한 '양식 다나카'가 전신으로, 10년 후 카레 전문점이 되어 매장을 늘려나갔으며, 1996년에는 '챔피언 카레'로 상호를 바꾸면서 매운맛이 강한 루로 그 맛을 알렸다. 빨간색과 노란색의 화려한 매장 색상은 풍수에서 유래했다.

69

빨간 지붕의 누들 스낵
'나가짱長ちゃん'

멀리서도 눈에 띄는 빨간 지붕의 매장. 나가사키의 교회를 연상시키는 특징적인 외관이다.

야마구치

나가사키찬멘長崎ちゃんめん

지역	야마구치, 히로시마, 오카야마, 시마네·효고(각 1개)
매장 수	32개

1971년 창업한 나가사키찬멘. 야마구치에서는 '나가짱'이라는 애칭으로 사랑받는 인기 가게다.

간판 메뉴인 '나가사키찬멘'은 짬뽕과 라멘의 장점만을 모은, 채소가 듬뿍 들어간 한 그 릇이다. 나가사키 명물인 짬뽕과는 달리 생면을 채소나 국물과 별도로 삶는 방식이라 굵은 면발이 쫄깃쫄깃하다. 열 가지 재료를 볶아 국물과 어울리는 짬뽕의 장점을 살리 고, 마지막으로 면을 넣고 재료가 들어간 국물을 부어 완성한다. 각 매장마다 오픈 키 친에서 조리하기 때문에 완성될 때까지 기다리는 현장감도 맛볼 수 있다. 세트 메뉴와 '나가사키 접시 우동' 등도 인기다.

창업 이래로 늘 같은 맛! 가장 인기 있는 간판 메뉴!!

열한 가지나 되는 재료를 사용. 백탕 돈코쓰 맛의 담백한 국물에 채소와 재료의 감칠맛이 듬뿍. 채소를 추가한 버전도 있다.

나가사키찬멘長崎ちゃんめん

나가사키 접시 우동長崎皿うどん(나가사키사라우동)

교자餃子

교자는 고기 비율이 높고 육즙이 풍부하다. 마늘을 넣지 않은 생강교자生姜餃子(쇼가교자)도 선택할 수 있다. 가늘고 바삭바삭한 면의 '접시 우동'은 많은 양의 재료가 올라가는 일품이다.

가쓰돈かつ丼

'가쓰돈'도 단골 인기 메뉴. 달걀을 듬뿍 얹은 오리지널 단맛 소스가 맛의 결정타.

1978년의 매장 풍경과 '찬멘보야'의 현재와 과거

중후한 분위기였던 1978년 당시 야마구치 미호리御堀점. 나비넥타이 유니폼도 멋스럽다.

1978년 야마구치 미호리점

예전과 지금이 크게 다른 '찬멘보야ちゃんめん坊や'. 그림책 스타일에서 점차 애니메이션스럽게.

미스터리 광고 효과로 고객이 늘었다고?

점원이 거꾸로 머리를 바닥에 받치고 회전하는 기괴하고 독특한 광고로 신규 고객을 사로잡았다!

매장 간판에는 독특한 디자인의 상징적인 마크가 있다.

이데짬뽕井手ちゃんぽん

특제 짬뽕特製ちゃんぽん(도쿠세이짬뽕)

'이데짬뽕'은 아주 진한 감칠맛이 인상적이다. '특제 짬뽕'은 목이버섯을 재료와 함께 섞은 후 달걀을 얹는다.

가쓰돈カツ井

규슈식 달콤한 가쓰돈은 단골들에게 인기. 가쓰돈 전문점 '이데가쓰돈'도 매장이 3개 있다.

사가에서는 고추를 사용한 붉은 유자후추가 일반적이다. 본점 점주 말로는 "주변이 죄다 빨간색"이라고.

채소가 산더미처럼 쌓인 진한 감칠맛 짬뽕

사가

이데짬뽕井手ちゃんぽん

지역	사가, 후쿠오카, 오이타, 구마모토·나가사키·아이치(각 1개)
매장 수	13개

1949년 사가에서 '센주리 식당千十里食堂'을 창업했다. 탄광촌에서 광부들에게 제공한 푸짐한 짬뽕이 호평을 받아 1980년에 '이데짬뽕'이라는 상호를 내걸었다. 나가사키짬뽕처럼 해산물이나 닭 육수를 사용하지 않고 채소와 돼지고기, 가마보코(흰살 생선과 밀가루를 뭉쳐 만든 어묵의 일종)로 단맛을 낸 부드러운 돼지뼈 국물을 사용한다. 산처럼 쌓인 채소도 매력적이다.

오사카에서 사가로

오사카에서 돈부리를 수련하던 초대 사장은 태평양전쟁의 전란을 피해 사가현 북쪽으로 피란을 떠난다. 그곳에서 문을 연 것이 전신인 '센주리 식당'이다.

오미짬뽕 채소 중 모둠
近江ちゃんぽん野菜中盛(오미짬뽕야사이주모리)

시가 외에 지리적으로 가까운 교토에서도 매장이 눈에 띈다. 존재감 있는 매장 구성.

가장 인기 있는 '오미짬뽕'은 채소의 양을 대, 중, 소에서 선택할 수 있다. 식초를 넣어 부드럽게 먹는 방법은 단골손님으로부터 시작되어 지금은 기본이 되었다.

채소뿐만 아니라 육류와 해산물을 추가하는 것도 선택할 수 있게 됐다.

고기 스페셜
肉スペシャル(니쿠스페샤루)

해산물 스페셜
海鮮スペシャル(가이센스페샤루)

채소 스페셜
野菜スペシャル(야사이스페샤루)

'오미짬뽕'을 전국에 알린 가게

특제 부타소바 特製豚そば

채소가 많은 짬뽕의 이미지를 뒤집고 대신 돼지고기를 얹었다. 테이블 놓인 가라미소도 잘 어울린다.

히코네 彦根**를 중심으로 퍼졌다**

멘루이오카베의 구 매장. 가쓰오부시와 다시마로 만든 교후다시京風だし로 탄생한 '오미짬뽕'이 명물이다.

시가

오미짬뽕테이 近江ちゃんぽん亭

지역 시가, 교토, 오사카, 효고, 기후, 이시카와, 시즈오카, 아이치, 고치, 히로시마

매장 수 52개

1963년, 전신인 멘루이오카베麺類をかべ를 창업. 그곳의 메뉴인 '오미짬뽕'의 맛을 현 운영자가 이어받아 짬뽕테이오카베ちゃんぽん亭をかべ로 개업했다. 그 후 현재의 상호가 되어 비와코琵琶湖를 에워싸듯 매장을 늘려가고 있다. 육수를 사용한 짬뽕은 간사이 지역 특유의 담백한 맛이다. 시가산 밀 비와호나미로 쫄깃쫄깃한 면을 만든다.

노포 찻집에서 만드는
소프트아이스크림 & 라멘이 명물!

'그린소프트'는 소프트아이스크림을 얼린 하드 타입도 있다. 교쿠린엔의 상징은 오리 '그린짱'.

와카야마

그린코너 グリーンコーナー

지역	와카야마(와카야마시내)	매장 수	4개

1854년 에도시대에 창업한 오래된 찻집 교쿠린엔玉林園에서는 1958년에 일본 최초로 말차가 들어간 소프트아이스크림 '그린소프트'를 출시했다. 지금은 전국적으로 인기 있는 아이스크림이지만, 출시 4년 후인 1962년에는 와카야마현 패스트푸드의 원조라고 할 수 있는 그린코너를 혼마치本町 본점에 세웠다. 여성 혼자서도 부담 없이 식사할 수 있도록 가벼운 식사 메뉴를 늘리고, 라멘과 '아카시야키' 등도 판매하기 시작했다. 현재 와카야마시를 중심으로 네 개 매장을 운영하고 있다.

이 가게에서 가장 인기 있는 메뉴는 덴카스가 들어간 '덴카케라멘'으로, 찻집 라멘으로서 와카야마 시민들에게 친숙하다.

덴카케라멘てんかけラーメン

그 고소함이 유일무이한
일본식 라멘!

닭 육수에 가느다란 수제 스트레이트면
(수축이 없고 곧은 면)을 넣고 덴카스와 홍
생강, 미역을 얹어 특유의 고소한 맛이
특징인 담백한 일본식 라멘이다.

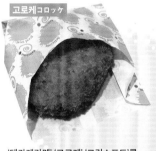
고로케コロッケ

아카시야키明石焼

'덴카케라멘' '고로케' '그린소프트'를
조합한 '그리텐 세트グリテンセット'
도 인기 베스트 5에 꼽힐 정도로 잘
팔린다.

그린 소프트
グリーンソフト(구린소후토)

선대가 좋아했던 '아카시야키'(다코야키와
비슷하나 더 부드럽고 달걀맛이 진하다)도 인
기. 전용 소스를 뿌려서 국물에 찍어 먹
는 방법을 추천한다.

그린코너는 오사카 만국박람회에도 매장을 열었다!

1969년 아사히신문

1854년 창업 이래로 주력 상품은 차다. '그린소프트'는
1000대의 맷돌로 간 말차를 넣어 만든다. (왼쪽) 쇼와
시대의 그린코너.
(오른쪽) 지금과
달리 짜서 굳힌 듯
한 형태의 옛날 '그
린소프트'.

1969년 아사히신문

와카야마에서 유
일하게 오사카 만
국박람회에 매장
두 곳을 열고 그린
소프트와 라멘을
판매해 호평을 받
았다. 종이로 된 라
멘 그릇을 개발하
는 데 어려움을 겪
었다고 한다.

75

간판이 늘어선 이마리伊万里 본점. '도리鳥(닭)' 캐릭터는 약 20년 전에 가게의 상징으로 등장했다.

야키토리 1번 도리메시 2번 신선한 닭고기를 테이블 위에서 굽는다!

드라이브인 도리 ドライブイン鳥

| 지역 | 사가, 후쿠오카(1개) | 매장 수 | 3개 |

'야키토리 1번 도리메시 2번'이라는 독특한 캐치프레이즈로 유명한 '드라이브인 도리'는 1969년, 오랫동안 양계업에 종사한 창업자가 음식점 매장을 양도받아 이마리 본점을 오픈했다. 양계업의 노하우를 살린 맛있는 닭고기 요리가 입소문을 타면서 인기를 얻게 되었다.

테이블에 놓인 철판에서 닭고기를 구워 특제 비법 양념에 찍어 먹는 것이 이 가게의 기본 스타일. 집 같은 분위기의 가게에서 저렴하고 푸짐한 닭고기 요리를 즐길 수 있다. 이마리 본점은 '일본에서 고타쓰(코타츠) 좌석이 가장 많은 음식점'으로, 고타쓰 110석을 갖추고 있다.

좋은 점만 골라 먹을 수 있는 '1번 정식'

1번 정식―番定食(이치반테쇼쿠)

가장 인기 있는 메뉴는 '1번 정식'. 메인으로 내놓는 영계 그리고 '도리메시鳥めし(닭고기를 넣고 지은 밥)'에 '도리수프'가 함께 나온다.

도리수프鳥スープ

직접 그릴에서 굽는 영계는 기름기가 많고 육즙이 풍부해 맛있다. 간판 메뉴인 '도리메시'는 담백한 맛으로 먹기 편해 자꾸만 손이 간다!

영계 가라아게若どりの唐揚げ(와카토리노카라아게)

사가의 브랜드 닭 '아리타도리ありたどり'의 가라아게는 카레 소금을 곁들여 맛의 변화를 줄 수 있다.

개업 초기에는 환풍기로 연기를 실외로 배출했기 때문에 겨울철 방한 대책으로 고타쓰 좌석을 설치했다.

넥ネック(넷쿠)

영계의 희귀 부위인 목살. 쫄깃쫄깃한 식감과 육즙이 풍부하나.

창업부터 근무 중인 스태프도 있다

1976년경 이마리 본점. 오른쪽 사진의 두 명은 지금도 드라이브인 도리의 현역 직원이다.

후지산 기슭에서
일품 파스타를 맛본다!

단독 매장 외에도 이온몰 등 상업시설의 푸드코트에도 입점해 현지인에게 더욱 친근한 존재가 되었다.

시즈오카

파스타야 잇초메 パスタ屋一丁目

| 지역 | 시즈오카 |
| 매장 수 | 16개 (셀프서비스 매장 포함) |

일본식부터 이탈리안, 무국적 스타일까지 다양한 메뉴를 갖춘 스파게티 전문점으로 인기인 파스타야 잇초메는 1977년 시즈오카 후지富士시에 1호점을 오픈했다. 이후 양대 간판 메뉴인 '포레이토 베이컨'과 '아이스 밀크티'를 비롯해 수많은 오리지널 메뉴를 제공하고 있다.

매년 각 매장의 직원이 새로운 파스타를 고안하고, 반응이 좋은 것은 스팟(특별) 메뉴로 채택하고 있다. 반응이 좋으면 그랜드(대표) 메뉴로 승격된다. 이러한 노력으로 지금은 메뉴가 100가지가 넘는다. 이 가게에 가면 언제든지 새로운 맛의 파스타를 즐길 수 있다.

콘 수프로 먹는 인기 1위 파스타

포테이토 베이컨ポテトベーコン

창업자가 콘 수프를 먹던 중 영감을 얻은 메뉴. 단맛과 짠맛, 그리고 모든 재료가 조화를 이룬 인기 1위 파스타.

아이스 밀크티アイスミルクティー

아이스 밀크티 전용으로 만든 진한 우유와 진한 홍차의 두 층을 섞지 않고 마시는 것이 철칙. 입안에서 섞일 때 부드럽고 깊은 맛을 느낄 수 있다.

매장 한정으로 와플 모양 감자를 얹은 버전도 있다. 녹인 치즈도 토핑할 수 있다.

참치 나메타케와 간 무
ツナなめたけ大根おろし
(쓰나나메타케다이콘오로시)

명란たらこ(다라코)

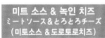
미트 소스 & 녹인 치즈
ミートソース＆とろとろチーズ
(미토소스 & 도로토로치즈)

약간 부드럽게 삶은 파스타에 명란 소스가 어우러진 '명란', 두번째로 인기 있는 '참치와 간 무'는 나메타케(팽이버섯 간장조림) 토핑을 추천.

한때는 '커피 전문점'

창업 초기에는 후지시에 '커피와 스파게티 잇초메'로 오픈. 이후 누마즈沼津, 시즈오카 등에 매장을 냈다.

오사카의 명물!
와나카의
다코야키 강추!!

허리를 다쳐 미용사를 은퇴하게 된 와나카 도루和中徹 씨가 다코야키 가게 주인으로 변신. 그동안 쌓아온 손재주를 살렸다.

다코야키도라쿠 와나카
たこ焼道楽 わなか

지역	오사카(10개), 후쿠오카, 홋카이도	매장 수	13개

걸은 바삭바삭하고 속은 사르르 녹는 식감의 오사카 명물 다코야키로 인기인 와나카. 오사카 센니치마에千日前에서 운영하던 과자점 앞에서 다코야키를 굽기 시작한 것이 이 가게의 뿌리다. 그 후 과자점을 그만두고 현재의 다코야키 전문점이 되었다. 고운 입자의 밀가루를 사용한 '다코야키'는 적당한 육수와 소금 간을 하는 것이 포인트다. 파, 덴카스, 액센트에 소금생강, 그리고 주인공인 감칠맛이 가득한 문어가 들어가 소스 없이도 몇 개라도 먹을 수 있을 정도로 맛있다. 물론 특제 소스, 가마다키시오(바닷물을 끓여 얻은 소금), 다시쇼유(육수간장), 매콤한 소스로도 즐길 수 있다.

숙련된 '구이 장인'이 센 불의 동판에서 단숨에 구워낸 뜨끈뜨끈한 다코야키를 가게 안에서 먹을 수 있는 것도 장점이다.

겉은 얇고 속은 부드러운 오사카 사람들이 좋아하는 식감!

다코야키|たこ焼(8개입, 소스)

고운 밀가루를 사용해 수분 함량을 높여 녹는 듯한 식감을 실현했다.
소스, 소금, 간장을 모두 와나카 전용으로 만들었다.

오이리おおいり
네 가지 맛의 다
코야키를 두 개
씩 즐길 수 있는
인기 메뉴.

다코센たこせん

이전엔 와나카わなか가 '와나카ワナカ'였다

예전에는 '와나카ワナカ 상점'으로 과자점을
운영했는데, 다코야키 가게가 된 후에도 한동
안은 '와나카ワナカ'라는 가타카나 표기를 사
용했다.

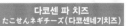
다코센 파 치즈
たこせんネギチーズ(다코센네기치즈)

와나카 특제인 손바
닥 크기의 생강 센
베이에 다코야키를
끼워 먹는다. 파와
치즈를 얹으면 맥주
안주로도 좋다.

와나카에서 '다코파'를

와나카의 맛으로 다코파(다코
야키 파티)를! 다코야키 재료
는 홋카이도점을 제외한 전 매
장에서 판매. 만능 소스와 다
코센도 구입할 수 있다.

81

초대형 음료가 인기!
통나무집풍의 깃사텐

외관과 내부 모두 차분한 분위기의 통나무집 스타일. 교외형 풀서비스 매장인 '고히야 OB'와 도심형 셀프 매장인 '카페 OB'가 있다.

고히야 OB珈琲屋 OB

지역	사이타마, 가나가와, 도쿄·지바·효고·나가노(각 1개)
매장 수	17개

고히야(커피점) OB는 통나무집 스타일의 매장과 초대형 음료로 유명한 패밀리 레스토랑형 깃사텐(간단한 식사도 할 수 있는 예전 스타일 카페) 체인으로, 1970년대 후반부터 사이타마를 중심으로 매장을 늘려가고 있다.

'음식은 양이 많은데 음료는 없다'는 점에 착안해 초대형 음료 라인이 탄생했다. 그중에서도 아이스티는 1.8리터라는 초대형 사이즈임에도 불구하고 일반 깃사텐과 같은 양심적인 가격이다.

손님들의 식사 속도와 수다를 방해하지 않기 위해 '그릇이 다 비워져도 굳이 치우지 않는다'는 세심한 배려도 있어, 가게 안에서 느긋하게 쉴 수 있다. 서비스 쿠폰인 'OB권'을 사용하면 언제든 전 품목 10% 할인을 받을 수 있는 것도 장점이다.

크림소다くりーむソーダ (쿠리무소다)　　바나나주스ばななじゅーす

(왼쪽) 어항에 담긴 '크림소다'. (오른쪽) 사진은 셀프 매장에서 찍은 것이라 다소 작지만, 그래도 호프잔인데 저렴하다.

블렌드ぶれんど (부렌도)

바다 없는 사이타마에서 음료의 바다에 빠져보자

양이 엄청나게 많은 커피. 평범해 보이지만 360ml쯤 된다. 아이스는 500ml 정도.

초콜릿 파르페ちょこれーとパフェ (초코레토파훼)

와인 디캔터에 담긴 파르페는 '위는 파르페, 아래는 음료, 양쪽 다 양이 많은' 이색적인 메뉴. 높이는 약 45cm.

버섯 스파게티きのこすぱげてぃ (기노코스파게티)

수프 파스타 계열은 먹음직스러워 인기. '라멘 같은 파스타' 라는 말도 있다.

가장 오래된 곳은 야쓰카谷塚점

약 40년 전에 개점한 야쓰카점(사이타마현 소카草加시)이 현존하는 가장 오래된 매장이나. 다음으로 오래된 것은 본점(사이타마현 야시오八潮시)이다.

대형 로스터에서 갓 볶아낸 신선한 커피를 맛볼 수 있다. 본점에 있는 로스터로 17개 매장 분량을 모두 로스팅하고 있다.

현지 맛집 체인 디자인 갤러리
로고 & 캐릭터

가게의 간판이나 매장 내부 등에서 볼 수 있는 독특한 캐릭터와 로고 마크를 골랐다. 보기만 해도 식욕을 돋우는 일러스트도 있고, '녹색 하마'처럼 어떤 가게인지 알 수 없는 수수께끼 같은 캐릭터도 있다.

현지인의 단골 메뉴!

도쿄 면요리 체인 3선

미니특집

1

도쿄 도심에는 세련된 레스토랑 체인이 있는 한편, 서민들이 이용하는 노포 맛집 체인도 다수 존재한다. 여기서는 서서 먹는 소바의 격전지인 도쿄에서도 압도적인 매장 수를 자랑하는 '후지소바'와 라멘 체인으로 인기 있는 '후쿠신' '하카타텐진'을 선정했다. 도쿄 시민의 단골인 면요리 체인을 소개한다.

갓 만든 요리를 간편하게 맛보는
인기 1위 '가쓰돈'!

가쓰돈かつ丼
돈가스는 씹는 맛이
좋은 한 장짜리 고
기를 사용하고, 달
걀로 부드럽게 마무
리한다. 특제 국물
에서 향이 난다.

덴푸라소바天ぷらそば

가키아게(채소 어패류 튀김)
를 얹은 단골 메뉴인 '덴푸
라소바'. 먹음직스러운 돼
지고기에 온천달걀로 맛의
변화도 즐길 수 있는 '고기
후지소바'. 둘 다 두번째로
인기 있는 메뉴.

고기 후지소바肉富士そば (니쿠후지소바)

고로케소바コロッケそば

홍생강의 매운맛과
양파의 단맛도
매력적!

(위) '고로케소바'
는 서서 먹는 소바
로 맛볼 수 있는
일품 요리. (오른
쪽) 얇게 썬 홍생
강에 달콤한 양파
가 들어간 가키아
게가 중독성 있는
'홍생강 덴소바'.

홍생강 덴소바
紅生姜天そば(베니쇼가텐소바)

언제든 바로바로!
도쿄 주민의 단골
서서 먹는 체인

간판의 붉은 글씨 '나다이名代'는
유명하다는 뜻이다. 가게 이름은
후지산처럼 훌륭하고 유명해지
기를 바라는 마음에서 나왔다.

후지소바
富士そば

매장 수 108개(그중 사이타마, 가나가와, 지바에 19개)

도쿄 명물이라 할 수 있는 서서 먹는 소바 체인 후지소바는 1972년 창업 이후 도쿄의 역
근처를 중심으로 100개 이상의 매장을 운영하고 있다.

서서 먹는 소바집의 황금 비율로 여겨지는 '메밀가루 40%'의 생소바를 매일 아침 각 매
장에 직송하여 갓 삶아 제공한다. 국물도 바로 내고, 덴푸라도 매장에서 직접 튀겨내는
등 맛에 대한 집념이 대단하다. 전 매장에서 하루에 메뉴 약 5만 개를 판매하기 때문에
재료를 대량 구매를 하고 각 매장에서 정성을 다해 제공하는 스타일이 후지소바의 안
정적인 맛의 비결이기도 하다.

24시간 영업(일부 매장 제외)이 기본이어서 이른 아침부터 늦은 밤까지 언제든 맛있는
소바를 간편하게 먹을 수 있다.

소바만이 아니다!
우동 마니아도 만족하는 한 그릇

쇼도시마小豆島의 간장을 사용한 가에시와, 갓 뽑은 육수로 만드는 쓰유는 우동과의 궁합도 뛰어나다.

가케우동かけうどん

임팩트 대박!!
이것은 챌린지 메뉴!?

편하게 먹을 수 있는 맛으로 정평이 난 카레. (아래) 언뜻 보기에는 과감한 조합이지만 절묘하게 어우러진 '카레카쓰돈'은 양도 만점이다.

인피니티 고로케소바
インフィニティコロッケそば
※판매 종료

카레라이스カレーライス

독창성 넘치는 한정 메뉴가 등장하는 것도 '다른 음식점에서는 맛볼 수 없는 것'을 끊임없이 시도하는 후지소바만이 할 수 있는 일이다.

카레카쓰돈カレーかつ丼

카레빵돈カレーパン丼
※판매 종료

도쿄 사람들에게 친숙한, 24시간 영업하는 서서 먹는 소바 전문점

밤낮으로 붐비는 번화가 시부야渋谷에서 1호점을 시작한 후지소바. 언제든 소바를 먹을 수 있는 가게, 바쁜 도쿄 사람들에게 맞는 24시간 영업을 처음부터 콘셉트로 삼고 있다.

1980년경 다마치田町점

1980년경 교토京都점

1986년경 스루가다이駿河台점

1992년경 시부야점

이것이 바로 '후쿠신'의 대명사 간판 메뉴 '데모미라멘'

확실히 정통파 '도쿄 간장'이라 할 수 있는 '데모미라멘'. '채소 탄멘'의 탁한 국물에는 웍에서 볶은 채소의 감칠맛이 가득하다.

채소 탄멘
野菜タンメン (야사이탄멘)

데모미라멘 手もみラーメン

마파 라멘 マーボーラーメン (마보라멘)

정식 메뉴로도 인기인, 마파두부를 얹은 라멘. 독특한 신맛이 특징이며 마니아도 많다.

데모미를 재현하는 기계와 정성을 다한 매장 내 조리

손이 많이 가는 다가수면(가수율이 35% 이상인 면) 제면에는 '데모미(손으로 주물러 면의 굵기와 구불거림을 일부러 불규칙하게 만드는 방법)'를 재현할 수 있는 기계를 도입했다. 웍을 사용해 매장 내에서 본격적인 조리를 하는 것도 인기의 비결이다.

안심할 수 있는, 언제나 같은 맛 현지 밀착형 중식당 체인

로고의 얼굴 '윙키짱'은 회장의 딸이 맛있는 음식을 먹었을 때 표정을 모티브로 한 것이다.

후쿠신
福しん

매장 수 31개 (그중 사이타마 2개)

도쿄 이케부쿠로池袋를 중심으로 매장을 운영하는 라멘·정식 체인 후쿠신은 1964년 중식 '후쿠신 히가시나가사키東長崎점'으로 시작되었다.

간판 메뉴인 '데모미라멘'을 비롯해 면요리와 중식 요리, 각종 정식 메뉴를 갖추고 있다. 번화가에 매장이 많아 '동네 중국집'으로서의 수요도 많다. 정식이나 돈부리, 차한에, 세트로 제공되는 작은 라멘인 '오토모라멘'도 명물이다. 교자가 함께 나오는 '정식 세트'도 인기다. 계산을 마치면 '영수증 쿠폰'이 발급되어 다음 방문 시 곱빼기나 작은 접시 요리 등을 서비스로 주는 것도 소박하게 반갑다.

(아래) 일본산 채소로 만든 육즙이 풍부한 교자, 돼지고기 간의 풍미를 살린 '간 부추 볶음' 등 단품 메뉴도 다양하다. 냉샤부冷しゃぶ(삶아서 차갑게 식힌 돼지고기) 스타일의 '운파이로우雲白肉'는 단연 인기다.

'후쿠신 컬러'가 상큼한 명물 오리지널 사와

현지인의 단골 메뉴! 도쿄 면요리 체인 3선

교자ギョウザ

후쿠신 사와福しんサワー

운파이로우ウンパイロウ

간 부추 볶음レバニラ炒め (레바니라이타메)

차한, 정식, 돈부리에 '따라나오는 것(오토모)'

갓 지은 쌀로 만든 차한은 쌀 자체의 맛도 느낄 수 있다. 오른쪽은 미니라고 하기 어려운 크기의 '오토모라멘'이다.

차한チャーハン

오토모라멘おともラーメン

현지 밀착형 가게 만들기

창업은 도쿄올림픽이 개최된 1964년 11월, 1호점은 이케부쿠로에서 가까운 도시마구 히가시나가사키에 오픈했다.

1964년 히가시나가사키점

파 김 차슈
ネギノリチャーシュー(네기노리차슈)

돈코쓰라멘豚骨ラーメン

차슈에 파, 김, 목이버섯을 얹은 정통 메뉴. 테이블 위의 홍생강이나 가라시타카나辛子高菜(갓 절임)를 넣으면 색다른 맛과 취향에 맞는 매운맛을 즐길 수 있다.

인기 메뉴인 수제 차슈에 파, 김을 듬뿍 얹은 호화판 '파 김 차슈'와 특제 미소와 돼지 뼈(돈코쓰)와 어우러진 '미소돈코쓰라멘'도 있다. 면 추가는 1회 무료!

야타이(노점) 분위기도 즐기는 도쿄의 하카타 라멘!?

미소돈코쓰라멘味噌豚骨ラーメン

간판의 돼지는 가부키초歌舞伎町에 매장을 열 때 이름만 적으면 너무 딱딱해 보일까봐 가벼운 느낌을 주기 위해 그려넣은 것이다.

하카타텐진
博多天神

매장 수 7개(도쿄 23구)

하카타텐진은 1993년에 1호점을 오픈했다. 이후 쉽게 먹을 수 있는 돈코쓰라멘 전문점으로 직장인과 학생을 중심으로 인기를 끌고 있다. 진한 국물은 질리지 않는 깊은 맛인데, 커피로 치면 '블랙'이다. 단골손님들은 카운터에 있는 재료(가라시타카나, 마늘 등)를 넣어 자신의 입맛에 맞게 맛을 낸다.

**베이스는
압력솥에서 몇 시간 끓인다**

대형 압력솥으로 끓여 뼈의 진액에서 추출해서, 등쪽 비곗살에만 의존하지 않은 일품 국물이 맛의 베이스다.

현지 면요리 체인
전성시대

라멘, 우동, 소바, 스파게티, 야키소바 등 일본은 그야말로 면의
왕국이다! 심플한 정통 라멘, 우동, 소바의 명가부터 독특한 비주
얼과 강렬한 맛의 현지 라멘, 안카케 스파게티 & 안카케 야키소
바, 전국적으로도 보기 드문 야키소바 전문점까지 전국 각지의 현
지 맛집 면요리 체인을 소개한다!

나가노 현민이 사랑한다!
모두의 라멘 식당

돼지 등심(로스) 튀김인 '니쿠아게'도 대표 메뉴다. '니쿠아게탄탄멘'은 명물 두 가지를 한 번에 맛볼 수 있는 푸짐한 메뉴다.

나가노

모두의 덴호
みんなのテンホウ (민나노텐호)

지역	나가노	매장 수	33개

1956년, 나가노 가미스와上諏訪의 작은 온천 료칸에서 전업하여 '덴보 쓰루노유 교자사이칸天宝 鶴の湯 餃子菜館'으로 창업했다. 당시 흔치 않았던 교자가 현지에서 큰 인기를 끌었다. 그 후 1976년 '덴호 조난城南점'을 시작으로 매장 수를 늘려, 현재는 나가노에 33개 매장을 보유한 라멘 체인으로 성장했다.

어린이부터 노인까지 즐길 수 있도록 교자, 라멘, 정식 등을 중심으로 메뉴가 다양하다. 그중에서도 가장 인기 있는 메뉴는 참깨를 듬뿍 넣은 맵지 않은 '탄탄멘'이다. 김치를 토핑한 매콤한 국물의 '가라구치辛口(매운맛)'도 있다. 라멘의 면은 메뉴에 따라 가는 면과 굵은 면을 사용한다.

인기 세트 메뉴
그 이름은 '정식'!

덴호의 교자
テンホウのぎょうざ(덴호노교자)

시나몬 등 독특한 향신료로 맛을 낸 교자는 중독성 있는 맛이다. 야와타야 이소고로八幡屋礒五郎(나가노의 오래된 향신료 회사)와 콜라보한 라멘 전용 시치미七味(고추, 깨 등 7종 양념을 섞어 만든 향신료)도 테이블에 세팅되어 있다.

정식定食(데쇼쿠)

인기 메뉴인 교자와 채소볶음에 반숙 달걀, 밥, 국물, 쓰게모노(절임)가 세트로 제공된다. 메뉴명은 '정식'이다.

덴호멘テンホウメン

버섯 된장 버터きのこ味噌バター(기노코미소바타)

새우와 오징어 등이 재료로 들어간 나가사키짬뽕 스타일의 '덴호멘'. (오른쪽) 버섯을 듬뿍 넣은 계절 한정 메뉴도 매년 인기다.

3대 방문을 환영하며 조부모에게 '식사권(3대권)'을 증정하는 매장도 있다.

예전에는 버스와 풍선으로 덴호를 홍보!?

처음에는 '덴쓰루군てんつるくん'만 있던 캐릭터가 지금은 한 가족으로 성장했다.

(위) 가게 이름이 '교자사이칸' 시절의 사진. (아래) 캐나다식 삼나무 집 형태를 채택한 미나미마쓰모토南松本점.

포장마차에서 시작한
원조 덴리라멘!

(오른쪽) 옛 정취가 남아 있는 덴리天理시 벳쇼초別所町의 야타이.
(오른쪽 아래) 보기 드물게 천막으로 둘러싸인 가시하라橿原점.

사이카라멘サイカラーメン
＋날달걀生玉子(나마타마고)

토핑 중 가장 인기 있는 것은 '달걀'이다. 예전에는 날
달걀을 얹는 것이 전부였기에 지금도 단골 메뉴.

나라

사이카라멘彩華ラーメン

지역	나라, 오사카, 교토, 아이치
매장 수	13개

나라의 사이카라멘은 1968년에 덴리시에서 야타이로 창업했다. 명물인 '사이카라멘'은
창업 당시부터 '덴리라멘'이라는 애칭으로 사랑받고 있으며, 이 가게가 라멘에 배추를
얹는 스타일의 발상지로 알려져 있다.

비법 수제 간장 소스와 마늘이 들어간 국물에 돼지고기, 부추, 당근 등의 재료를 볶아
'라장'으로 매콤하게 맛을 낸 오리지널 '사이카라멘'은 이제 나라를 대표하는 현지 음식
으로 자리 잡았다. 덴리역 근처에는 지금도 야타이 매장이 있으며, 손님들이 야외 천막
에서 맛있게 라멘을 먹는 모습을 볼 수 있다. 몸도 마음도 따뜻해지는 이 한 그릇을 먹
기 위해 일부러 다른 현에서 찾아오는 손님도 많다.

마늘을 듬뿍 넣은 한 그릇이 바로 자양강장제!

사이카라멘 소サイカラーメン・小

현지인들은 '컨디션이 나빠질 때 먹는다'고 한다. 스태미나 라멘 특유의 맛.

야키교자焼き餃子

덴신한天津飯

차한チャーハン

교자, 차한 등은 '사이카라멘'에 곁들여 먹을 수 있도록 고안된 메뉴다. 매장마다 맛이 달라지는 '덴신한'과 담백한 맛의 차한은 특히 잘 어울린다.

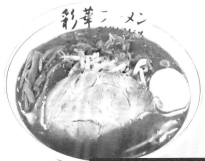

홋카이도 출신 점원이 간사이 사람 입맛에 맞게 삿포로식 미소라멘을 변형한 메뉴.

삿포로 풍미 아주 진한 미소라멘
サッポロ風味極味濃味噌ラーメン（삿포로후미고쿠노미소라멘）

소금에 절인 고추를 갈아 만든 본고장 쓰촨의 '라장'으로 취향에 따라 매운맛을 조절할 수 있다.

지금은 없어진 쇼와시대 추억의 가게들

실제 매장으로는 두 번째인 덴리점과 네 번째인 신노구치新ノ口(가시하라시)점.

365일 24시간 영업
활력 넘치는 한 그릇!

닌타마라멘にんたまラーメン
국물 표면에 떠 있는 것은 덴카스 모양
의 마늘 칩. 면은 두 배(도쿠모리特盛),
세 배(메가모리メガ盛)도 있다.

닌타마라멘にんたまラーメン

지역	이바라키, 지바, 사이타마 · 이시카와 · 오사카(각 1개), 이와테(가맹점 2개)
매장 수	13개

대부분의 매장이 365일 24시간 영업하는 닌타마라멘. 창업은 1957년으로 오래되었으며, 제면업, 자판기 코너, 유인有人 오토레스토랑(자판기로 음식을 파는 식당)을 거쳐 2002년부터 라멘을 중심으로 한 식당을 오픈했다. 간판 메뉴인 '닌타마라멘'은 마늘을 듬뿍 넣은 진한 국물과 쫄깃쫄깃한 식감의 숙성 달걀면이 어우러져 원기를 북돋아주는 한 그릇이다.

건축 관계자나 장거리 운전자도 많이 이용하기 때문에 식사뿐만 아니라 게임 코너와 음료 바를 설치해 편안하게 휴식할 수 있도록 한 매장도 있다. 넓은 주차장과 널찍한 내부도 큰 특징 중 하나다.

24시간 OK! 조식 서비스도

아침밥 정식朝ごはん定食(아사고한데쇼쿠)

'아침밥 정식'은 24시간 영업점이라면 하루 종일 주문할 수 있다. 야간 근무자 등 변칙적인 근무 스타일을 가진 사람들에게도 반가운 메뉴다.

오토레스토랑 시대

1970년대 중반 이후 오토네大利根店. 라멘집이 아닌 '오토레스토랑'으로 개점했다.

풋토비교자ぴゅっ飛び餃子

씹으면 씹을수록 육즙이 입안 가득 퍼지는 명물 '풋토비교자'.

라멘도 먹고, 목욕과 숙박도!

숙박과 목욕 시설을 겸비한 오미야大宮트럭 스테이션점. 물론 일반 손님도 이용할 수 있다. 트럭 스테이션점은 가나가와와 오사카에도 있다.

게임 코너는 크레인 게임이 인기다. 가성비 좋은 '목욕 세트'도 있다.

3층 건물에 총 280석 규모의 이마이케今池 본점에는 8개의 룸이 있어 8~60명을 수용할 수 있다.

나고야 명물 '타이완라멘'의 발상지는 바로 이곳!

타이완라멘台湾ラーメン
맛의 결정적인 요소는 마늘, 고추와 다짐육으로 만든 타이완식 고기 볶음이다.

아이치

미센味仙

지역	아이치, 오사카(1개)
매장 수	12개

1962년 창업한 미센은 나고야 명물 '타이완라멘'의 발상지로 알려진 가게다.
타이완의 '탄탄멘'을 베이스로 매콤하게 변형한, 종업원들을 위한 요리를 '타이완라멘'으로 메뉴화했다. 마늘과 고추를 듬뿍 넣어 매운맛뿐만 아니라 깊은 감칠맛을 느낄 수 있는 한 그릇으로 완성했으며, 1980년대의 매운맛 붐을 타고 '타이완라멘'의 인기도 급상승했다. 나고야의 현지 라멘으로 지금은 시내에 있는 라멘 가게 중 70%에 가까운 가게가 메뉴로 채택하고 있을 정도라고 한다.
그 밖에도 인기 메뉴가 다양하며, 마늘이 가미된 톡 쏘는 맛을 즐길 수 있다.

가게마다 매운맛이 다르다!
커스터마이징 OK!

타이완라멘
(다이나고야빌딩大名古屋ビルヂング점)

타이완라멘(이마이케 본점)
아메리칸(약하게 매운맛), 노멀(보통), 이탈리안(강하게 매운맛), 에일리언(가장 강한 매운맛) 등 총 6단계의 매운맛이 있다.

닭날개手羽先(데바사키)

(위) 미센은 나고야에 닭날개를 널리 알린 장본인이기도 하다. 크기가 크고 간장 베이스의 매콤한 맛이다. (왼쪽) 매장 판매와 통신 판매로도 자랑스러운 맛을 간편하게.

타이완라멘의 시작

1970년경 미센 이마이케 본점. 이 무렵 '타이완라멘'이 탄생했다.

바지락볶음あさり炒め(아사리이타메)

푸른채소볶음
青菜炒め(아오나이타메)

마늘을 넣어 담백하면서도 감칠맛 나는 짠맛과 아삭한 식감으로 인기다.

새끼보子袋(고부쿠로)

(왼쪽) 간장 베이스의 국물에 바지락의 감칠맛이 느껴진다. (위) 쫄깃쫄깃한 식감과 특제 양념으로 인기.

더The 구마모토 라멘
그 원조의 맛을
아지센에서 맛본다!

아지센라멘味千ラーメン

갈색의 '마유'로 만든 향긋한 돼지뼈 국물. 기본적이면서도 강렬한 맛. 매장과 그릇에는 마스코트인 '치이짱チイちゃん'이 있다.

구마모토

아지센라멘味千ラーメン

지역	구마모토(53개), 고치, 오사카, 에히메, 시즈오카, 오이타·오키나와·히로시마·홋카이도(각 1개)
매장 수	69개

현재 구마모토 라멘의 원조라고도 불리는 아지센라멘은 1968년에 작은 라멘 가게로 창업했다. 구루메久留米계 라멘(구루메시에서 유래한 라멘으로 돼지뼈 국물과 가는 면으로 만듦)에 마늘을 첨가한 새로운 맛으로 인기를 끌었다.

창업자는 구마모토 라멘에 빠질 수 없는 '마유マー油'(마늘을 각종 향채소와 함께 돼지기름으로 튀겨 만든, 조미료로 사용되는 기름)의 개발에도 깊이 관여하고 있으며, 창업 이래 50년 이상에 걸쳐 마유의 맛을 갈고닦아 다른 곳과는 다른, 자신감 있는 맛으로 완성했다. 이 마유는 창업자의 고향인 타이완 가오슝의 면요리에 사용되는 조미료에서 힌트를 얻어 다양한 채소로 만든 것이다. 돼지뼈의 하얀 국물에 감칠맛과 풍미를 더하고, 여러 종류의 밀가루를 섞은 면이 잘 어울려 몇 번이고 먹고 싶어지는 맛이다.

국물과 마유가 살짝 진한 추억의 라멘!

복각 라멘復刻ラーメン (홋코쿠라멘)

풀 토핑 라멘全のせラーメン(젠노세라멘)

(위 오른쪽) 창업 당시의 맛을 요즘 방식으로 재현한 '복각 라멘 쇼와시대의 맛昭和味'. (위) '풀 토핑 라멘'은 2002년경에 탄생했다.

고로케 정식コロッケ定食(고롯케데쇼쿠) (고쿠타이도리国体通り점)

가맹점 매장에서만 파는 메뉴도 맛있다. 고쿠타이도리점의 푸짐한 '고로케 정식'.

아카규라멘あか牛ラーメン (아지센라멘 시라카와스이겐점白川水源店)

(위) '아카규라멘'도 시라카와스이겐점만의 메뉴다. (왼쪽) 테이블 위에 튀긴 마늘을 제공하는 곳도 있는데, 향긋하고 맛있다.

직영점과 가맹점의 추억 속 풍경 이것저것

❶ ❸ 도로에서 눈에 띄는 화려한 간판이 인상적인 1대 본점. ❷ 2대 본점은 2층이 중식당이었다.

❹ 1호 가맹점인 공항점. ❺ ❻ 돈부리 캐릭터의 옛 로고와 홍보용 차량에 그려진 '치이쨩'.

원기옥 & 건강 라멘으로
파이팅 한 방(잇파쓰壱発)!

하치오지八王子역 옆 미나미오도리南大通り에서 붉게 빛나는 하치오지 본점. 활기찬 가게 안으로 들어가보자.

파 도로차슈멘
ネギとろチャーシューメン (네기토로차슈멘)
추천 메뉴인 '파 도로차슈멘'.
'매일 먹어도 괜찮은 라멘'을 목표로 참마(도로로)를 넣었다.

잇파쓰라멘壱発ラーメン	도쿄

지역	도쿄(2개), 가나가와(1개)
매장 수	3개

푸짐한 라멘으로 인기인 잇파쓰라멘은 1984년 창업했다. 독특한 메뉴와 맛에 더해 대학가라는 위치 때문인지 가게 안의 분위기도 활기차다.

예를 들어, 차슈가 듬뿍 들어간 '차슈멘' 계열의 메뉴가 나오면 "그릇에 피어난 잇파쓰의 꽃, 차슈 만개満開!"라고 외친다. 또한, 가게를 나갈 때면 "식사 잘 하셨네요! 저희에게 힘이 됩니다!"라고 말하기도 한다. 라멘 국물은 젤라틴이 풍부하며, 화학조미료를 사용하지 않고 돼지뼈를 베이스로 한 부드러운 맛이다. 간장 국물을 선호하는 간토 지방 사람들도 먹기 편하고 기운을 북돋아주는 한 그릇이다.

'몸에 좋은 라멘으로 건강하게'가 모토

무 라멘だいこんラーメン(다이콘라멘)

1997년경 등장했다. 드레싱에 버무린 생무가 듬뿍 올려져 있다.

메카토로차슈멘 めかとろチャーシューメン

미역귀(메카부)와 참마(도로로)가 들어가 '바다와 산의 콜라보'라고 말하는, 인기 2위 메뉴.

파 쓰케멘 ネギつけめん(네기쓰케멘)

대, 중, 소, 모두 같은 가격. 신맛과 매운맛이 강해 쓰케멘(국물에 찍어먹는 면요리)만 주문하는 단골도 많다.

테이블에 놓여 있는 '잇파쓰 식초(잇파쓰 노스)'. "피로 회복을 돕는다"고 쓰인 겸손함이 이 가게답다.

이곳이 원조 매장

1984년 창업한 1대 매장으로 현재는 2대. 당시를 추억하며 먼 곳에서 재방문하는 손님도 있다.

아지타마味玉(간장에 재운 달걀)를 주문하면 두 팔을 들고 "원기옥元気玉(겐키타마)!"을 외치며 기합을 불어넣어 가게 안에 일체감이 생긴다.

103

마늘이 통째로 들어 있는 '베토콘'의 발상지

국사무쌍国土無双(고쿠시무소)

볶은 채소가 더 많이 들어간 버전의 '국사무쌍'. 이름은 마작의 역할에서 유래했다.

베토콘라멘ベトコンラーメン

'베토콘'은 '베스트 컨디션'의 약자다. 주문이 들어오면 바로 구워 향을 살린 마늘이 통째로 들어간다.

오징어다리 튀김ゲソカラ(게소카라)

비법 향신료를 뿌려 먹는 바삭바삭한 식감의 튀김. '베토콘'에 곁들여 먹기 좋다.

아이치 나고야 후시미伏見점에서는 '베토콘'이 품절되었다는 안타까운 안내문이 매장에 붙어 있었다.

아이치

신쿄新京

지역 아이치, 기후, 오사카, 오카야마
매장 수 9개(그중 영업권 분할 매장 7개)

1969년 창업한 중식당 신쿄의 간판 메뉴는 '베토콘라멘'이다. 초대 점주가 고안한 이 스태미나 넘치는 라멘은 이제 도카이 지역의 현지 라멘으로 자리 잡았다. 큼지막한 마늘과 부추, 숙주나물이 듬뿍 들어가고, 매운맛을 더한 맛은 한번 먹으면 중독성이 강하다. 맵기 조절도 가능하다.

메뉴는 '주카소바'
창업 이래 지켜온 맛 그대로

메뉴는 '주카소바'만 있다. 토핑과 양을 선택할 수 있고, 돼지고기(등심쪽 지방)를 추가할 수 있다.

그릇에 '겐짱라멘'이라 쓰여 있다. 야마가타에서만 가타카나로 표기한다.

주카소바 보통中華そば 普通(후쓰)

수작업으로 면을 치는데, 그 힘의 방향과 강약의 묘미에 따라 굵기가 달라지는, 두툼하고 쫄깃한 면을 구현한다. 심플하지만 만족도가 높은 한 그릇이다.

> 야마가타

겐짱라멘 ケンちゃんラーメン

지역	야마가타(9개), 아키타, 아오모리·이바라키(각 1개)
매장 수	13개

주카소바 특대中華そば 特盛(도쿠모리)

특대는 520~530g 정도의 대용량. 보통은 300g, 대大盛(오모리)는 360~370g.

소박하고 깊은 맛의 '주카소바'가 인기인 겐짱라멘. 직접 만든 수제 면은 구불구불하고 쫄깃쫄깃한 면발이 특징이다. 국물은 해산물과 고기로 냈고, 동해산 멸치와 쇼나이산 간장 베이스의 소스를 사용하여 1978년 창업 이래 같은 맛을 지키고 있다. 조리에도 시간이 걸리기 때문에 영업시간은 낮 세 시간 정도이다.

전용 뚝배기로 먹는
뜨거운 미소니코미우동!

덴푸라가 들어간 미소니코미우동
天ぷら入り味噌煮込うどん(덴푸라이리미소니코미우동)

나고야 사람들은 새우 덴푸라(에비텐)를 좋아
한다. 새우 덴푸라를 국물에 담가 스펀지 모양
으로 만들면 국물도 진해져 더욱 맛있다.

나고야 코친 (닭 품종)이 들어간 미소니코미우동
名古屋コーチン入り味噌煮込うどん(나고야코친이리미소니코미우동)

아이치

야마모토야혼텐 山本屋本店

지역	아이치, 미에(1개)
매장 수	13개

야마모토야혼텐은 1907년 나고야시 오스大須에서 창업한 미소니코미우동 전문점이다.
미소니코미우동의 생명이라 할 수 있는 아카미소, 시로미소, 멸치로 만든 비법 미소와
가쓰오부시 전문 장인이 만드는 육수, 미소니코미우동용으로 만든 전용 뚝배기를 사용
하는 등 전통 있는 전문점만의 고집이 곳곳에서 느껴진다.
장인이 직접 손으로 치는 면(일부 매장 제외)도 마찬가지인데, 반죽에 소금을 넣지 않
고 면을 뽑기 때문에 수분이 들어가지 않아 강한 미소 맛에 어울리는 단단함이 나온다
고 한다. 손으로 치면 부드러운 부분과 딱딱한 부분이 생기는데, 이것이 또 다른 맛으
로 이어진다.

단골이 속출!
이 맛은 중독성 있다!!

스태미나 곱창이 들어간 미소니코미우동
スタミナもつ入り味噌煮込うどん
(스태미나모쓰이리미소니코미우동)

나고야 사람들이 사랑하는 '탄수화물+탄수화물'로, 가게에서도 밥과 함께 먹는 것을 추천한다. 평일 오후 3시까지 밥이 무료(일부 매장 제외).

유일하게 마늘을 넣은 메뉴. 예약 한정으로 '미소모쓰나베みそもつ鍋'라는 파생 메뉴도 있다.

히다타카야마·미노시라카와美濃白川의 홍차와 히다飛騨산 100% 생우유 생크림으로 만든 아이스크림.

로얄 밀크티 아이스
ロイヤルミルクティアイス
(로이야루미루쿠티아이스)

아사즈케浅漬け(채소를 조미액에 단시간 절인 음식)는 방부제 등을 전혀 사용하지 않고 소금, 다시마, 고추(다카노쓰메鷹の爪) 등으로 만드는 간단한 음식이다. 이치미一味와 함께 '하치미八味'라는 고추 조미료가 있는 것도 특징이다.

전통의 맛을 전하다

'니코미우동'이라는 글자가 적힌 구 본점. 창업 당시부터 전통 수타 방식과 맛을 지키고 전승하고 있다.

자매점인 '샤치이치'의 '카레니코미우동'

계열사 샤치이치鯱市에서만 맛볼 수 있는 메뉴. 평일 점심에는 밥 한 그릇이 무료이기 때문에 마지막에 카레라이스처럼 먹는 사람도 많다.

카레니코미우동カレー煮込うどん

우동과 주카소바의 조합인 '우추'가 가장 인기다. 매끄럽고 부드럽고 가는 우동은 '목구멍으로 먹는 우동'이라는 표현이 제격.

원하는 면을 자유롭게 조합해 식감과 맛을 즐긴다

2위는 우동과 소바를 합친 '우소'다. 3위는 주카소바를 추가한 '우소추'. 기본은 면사리 하나씩 추가되기 때문에 먹기에도 충분하다.

아이치

조메이우동 長命うどん

지역	아이치, 도쿄(1개)
매장 수	10개(직영점 2개 포함)

1913년에 창업한 노포 우동집으로, 1926년부터 현재의 가게 이름인 조메이우동으로 바뀌었다. 우동, 소바, 주카소바, 기시멘きしめん(칼국수처럼 넓고 얇은 면) 중에서 원하는 면을 선택해 한 그릇에 여러 면을 먹을 수 있다. 따뜻한 것과 차가운 것, 그 중간인 '미지근한 것'으로 먹는 온도도 취향에 따라 선택할 수 있다. 면, 먹는 방법, 토핑 등의 조합은 100가지 이상이다.

갓 튀겨낸 덴푸라도 종류가 다양하다. 양대 인기 메뉴는 채소와 가키아게. 덴푸라와 국물의 감칠맛이 어우러져 색다른 맛을 즐길 수 있다.

면을 직접 데워먹는 완전 셀프 우동 전문점

덴푸라는 30가지가 넘어 고르는 재미가 쏠쏠하며, 가장 인기 있는 '지쿠와'는 하루에 약 500개가 만들어 진다. '아나고(붕장어)'는 그릇에서 튀어 나올 정도로 큰 크기다.

가케우동 + 지쿠와텐かけうどん+ちくわ天

파와 덴카스는 무제한으로 넣을 수 있으며, 가장 인기 있는 '가케우동'은 따뜻하게 데우지 않고 육수를 부어 미지근한 상태에서 맛을 느끼며 먹는 것이 점주의 추천이다.

고기 우동肉うどん (니쿠우동)

가가와

사카에다우동 さか枝うどん

지역	가가와(다카마쓰 시내)
매장 수	5개

가가와현의 노포 사카에다우동은 완전 셀프서비스 가게다. 손님이 직접 면을 데우고 육수를 붓고 토핑을 얹는 스타일은 1973년 창업 당시부터 이어져 내려오고 있다. 면은 밀의 향과 쫄깃쫄깃한 식감이 특징이며 다시마, 가다랑어, 멸치 육수는 면과 잘 어우러져 마지막까지 마실 수 있도록 마무리했다. '기억에 남는 보통 우동'이 모토다.

가마 버터 명란 우동
釜バター明太うどん (가마바타멘타이우동)

'가마타마우동(삶은 뒤 찬물에 헹구지 않은 우동에 생달걀노른자를 비벼 먹는 음식)'도 단골 메뉴. 각 지점에서 판매하는 파생 메뉴인 '가마 버터 명란'은 우동의 카르보나라 같은 메뉴로 인기가 높다.

먹고 싶은 양을 스스로 선택할 수 있는 셀프 우동 전문점

가키아게 고기우엉조림かき揚げ肉ごぼう (우동 소바 믹스うどんそばミックス)
(가키아게니쿠고보 우동소바미쿠스)

젊은 층과 블루칼라를 위해 탄생한 특제 토핑 '고기우엉조림'이 인기다.

손님이 직접 면 건지기 국자를 이용해 우동과 소바를 끓는 물에 삶는 스타일도 개업 초기부터 이어져오고 있다.

에히메

다이스케우동 大介うどん

지역	에히메(우와지마宇和島시 등 현 남부 중심
매장 수	5개

대大, 소小, 두 가지 크기의 그릇 중 하나를 선택해 손님이 원하는 양만큼 직접 그릇에 담는 독특한 시스템으로 인기인 다이스케우동은 1967년경 풀서비스 우동 전문점으로 개업했다. 그 후 '학생들에게 만족을 주자'라는 생각으로 1970년에 미국의 뷔페 스타일을 참고하여 셀프서비스 방식을 시작했다.

면은 일본 브랜드의 무첨가 100% 밀가루로 정제했다. 시로다시白だし(다시 국물에 백간장, 설탕, 미림 등을 가미한 조미료)는 양질의 일본산 어분을 블렌딩했고, 육수는 간토 간장을 베이스로 난요南予 지방(에히메현 남부) 입맛에 맞는 맛을 낸다. 우동과 소바를 모두 선택할 수 있으며, 고객의 절반 가까이가 '믹스'로 맛과 식감을 즐긴다.

우동과 소바를 마음대로 넣고 손님이 건지기 국자로 데운다!

먼저 저렴한 가격의 작은 그릇과 비싼 가격의 큰 그릇 중 하나를 선택한다. 그 다음에는 우동과 소바를 원하는 만큼 넣고 직접 면을 데워서 완성한다.

토핑은 약 40종류로 다양하다. 인기 베스트 3는 가키아게, 고기우엉조림, 유부 순이다.

우와지마시 등 난요 지방의 입맛에 맞게 부드러운 우동으로 단맛을 낸다.

해외로 진출, 인기 영화 시리즈에도 출연!

(아래) 1970년에 오픈한 셀프서비스 매장 1호점. 1976년 개봉한 영화 〈트럭 야로 천하무적〉에 등장했다.

오픈 당시의 옛 매장. 1975년에는 로스엔젤레스에도 진출해 15년 정도 영업을 했다. 오른쪽은 당시 포스터.

〈트럭 야로 천하무적〉 (1976년/ⓒ東映)

매장 앞이나 간판에 맛있어 보이는 사진과
함께 메뉴판을 게시한 가게도 있다.

서민을 지탱하는 가장자리 밑바닥의 '지카라 떡'

고기 우동肉うどん(니쿠우동)

달콤하고 짭짤하게 익힌 소 어깨살의 감칠맛
과 육수가 조화를 이룬, 우동 메뉴 중 가장 인
기 있는 메뉴.

소고기 카레 우동牛カレーうどん(규카레우동)

우동 메뉴 중 두번째로
인기. 육수가 잘 우러
난 옛날식 일본 카레는
의외로 매콤하다.

히로시마

지카라 ちから

| 지역 | 히로시마(히로시마 시내 25개) |
| 매장 수 | 28개 |

지카라는 교토에서 번성했던 떡과 면, 돈부리를 제공하는 대중식당 지카라모치에서 영
업권을 분할하여 1935년 히로시마시 나카구에서 창업했다. 우동과 달콤한 음식이 간판
이지만 주카소바도 인기가 있다. 가게에서 제공하는 육수, 면, 화과자, 무스비(오니기리)
등은 당일 아침에 전 매장에 배송한다. 그래서 제조 공장이 있는 히로시마 시내 중심부
에서 약 한 시간 이내에 배송할 수 있는 범위에만 출점하고 있다. 규모가 커져도 창업
이래 일관되게 '진짜의 맛'을 제공하고 있다.

우동 육수는 같은 리시리利尻 다시마라도 소금의 양이 다르기 때문에 전통 레시피를 지
키면서 장인의 손맛으로 맛을 조절한다. 한편, 화과자는 현대인의 입맛에 맞게 단맛을
절제하고 있다.

전통의 부드러운 맛 그 말을 줄이면 '덴야지'

돼지뼈와 닭뼈, 해산물의 감칠맛이 어우러진 돼지뼈 간장 국물과 아삭한 숙주가 특징. 오리지널 히로시마 주카소바.

주카소바 덴야지中華そば 伝や味

덴푸라우동天ぷらうどん (덴푸라우동)

다마고토지우동玉子とじうどん

(왼쪽 위) 새우를 넣은 튀김옷을 듬뿍 입힌 나무잎 모양의 가키아게 '덴푸라'. (오른쪽 위) 부드러운 반숙 달걀물의 '다마고토지'. 지카라모치의 전통을 이어받은 맛이다.

유부 스시
いなり寿司 (이나리스시)

팔고물おはぎ (오하기)·콩고물きなこ (기나코)
2종 모둠

면요리의 사이드 메뉴로 판매량 1위를 자랑하는 '고모쿠 유부 스시五目いなり寿司 (고모쿠이나리스시)'. 지카라의 뿌리이기도 한 '오하기'는 디저트로도 안성맞춤이다.

쇼와 40년대 본점

1968년경 구 본점. 매장 외관의 배치와 분위기 등은 지금의 본점에도 그대로 이어진다.

전국 배송을 안 하지만 연말에 파는 '도시코시年越し (연말연시) 소바 세트'는 예외다. 지카라의 맛을 전국에서 즐길 수 있다.

매일이라도 먹고 싶다!
하기萩시에서 태어난
야마구치 우동

달콤하고 짭짤하게 익힌 고기가 달달한 육수와 시너지 효과를 내어 매일 먹는 사람도 있는 인기 메뉴 1위. 덴카스를 얹는 것이 사장님의 추천이다.

고기 우동肉うどん (니쿠우동)

야마구치

돈돈どんどん

| 지역 | 야마구치(29개), 시마네, 히로시마, 오카야마, 도쿄 |
| 매장 수 | 37개 |

야마구치를 중심으로 '동네 우동집'으로 사랑받는 돈돈은 1972년 '우동 가게うどんの店'라는 이름으로 시작했다. 그 맛이 입소문을 타면서 이듬해에 '돈돈'이라는 이름으로 2호점을 개점했다. 지금은 야마구치현 내외에 여러 매장을 운영하고 있다.

직접 만든 면은 사누키우동과 하카타우동의 중간 정도이다. 표면은 찐득하고 부드러운데 씹으면 쫀득쫀득한 식감이 특징이다. 생면을 삶는 데 15분 정도 걸리지만, 손님을 기다리게 하지 않는 빠른 서비스도 장점이다. 면을 삶는 시간대에 손님이 몰릴 것을 예상해 삶기 전문 '솥 담당'이 직접 면을 삶는다고 하니 놀랍다. 육수의 신선도에도 신경을 써서 매일 가게에서 직접 육수를 뽑는다.

우동에 올려진 고기와 덴푸라도 맛있다!

나뭇잎 모양의 커다란 덴푸라를 얹은 '고기 덴푸라 우동'. '다나카우동'은 베테랑 스태프 다나카 씨가 직원 식사용으로 만든 우동에서 탄생했다.

고기 덴푸라 우동肉天うどん(니쿠텐우동)

다나카우동たなかうどん

오무스비おむすび 미역わかめ(와카메)

무료 양념이 반갑다. 파는 야마구치를 중심으로 한 다섯 곳의 현지 계약 농가에서 구입하고 있다. 고추는 가루와 굵게 다진 것 두 종류가 준비되어 있다.

미역 무스비는 야마구치, 특히 하기의 전통 음식이다. 돈돈의 단골 메뉴로 식감도 재미있다.

신속한 서빙을 가능하게 하는 컬러풀한 식권

'고기 우동=분홍색'처럼 색으로 구분된 70종의 다채로운 식권. 식권을 보자마자 점원이 서빙 준비를 시작한다. 그래서 빠르다!

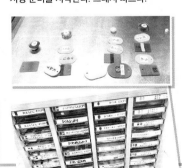

쇼와시대의 매장 풍경

(아래) 1951년에 개업한 전신인 식당 '스나다 레스토랑'. 간판에는 '에이요우동'이라는 글자도 보인다. (오른쪽) 1호점 '우동 가게'.

면사리 세 덩이도 같은 가격!
양도 맛도 대만족!!

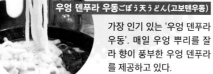

우엉 덴푸라 우동 ごぼう天うどん (고보텐우동)

가장 인기 있는 '우엉 덴푸라 우동'. 매일 우엉 뿌리를 잘라 향이 풍부한 우엉 덴푸라를 제공하고 있다.

오이타

나루토우동 鳴門うどん

지역	오이타 (오이타 시내 8개)
매장 수	12개

1981년 1호점을 오픈한 나루토우동은 우동과 소바를 '세 덩이까지 같은 가격'으로 주문할 수 있는 것이 가장 큰 특징이다. '싱글(한 덩이)' '더블(두 덩이)' '트리플(세 덩이)'이 이 가게의 대명사다.

우동은 한 덩이 300g으로 넉넉한 양이며, '0.5덩이' 단위로 주문할 수 있어 '1.5덩이'와 '두 덩이'를 주문하는 손님이 많다고 한다.

기분 좋은 부드러운 식감의 면과 잘 어울리고 입맛을 돋우는 달달한 육수는 각 매장에서 하루에 몇 번씩 내기 때문에 항상 신선하다. 규슈에서는 드물게 우동과 소바가 같은 가격인 것도 반갑다. 돈부리와 우동 세트가 600엔대인 평일 한정 런치도 인기다.

정말 부드럽게
'연육 가공'을 한 고기

스테이크돈ステーキ丼(스테키돈)

우엉 덴푸라 고기 우동ごぼう天肉うどん(고보텐니쿠우동)

세키부리돈関ぶり丼

돈부리 중 가장 인기 있는 '스테이크돈'은 부드러운 고기를 오리지널 소스와 함께 먹을 수 있다. 겨울 한정 메뉴인 '세키부리(오이타의 방어 브랜드)돈'도 인기다.

(왼쪽) 이키나리단고いきなり団子 (오른쪽) 오하기おはぎ

(위 오른쪽) 아이스크림 맛은 네 종류가 있다. 사진은 딸기맛. (위 왼쪽) '오하기' '이키나리단고(고구마를 밀가루 피로 싼 단고)' 등의 달콤한 음식도 있으며, 모두 테이크아웃이 가능하다.

가게에 딸려 있는 셀프서비스 '오뎅'은 1개 99엔으로 테이크아웃도 가능하다.

톡톡 튀는 마스코트인 '트리플 군'은 창업 당시 그림을 질 그리는 직원에 의해 탄생했다.

오이타시에서 매장을 늘려가

창업 당시 매장 앞 모습. 모두 웃으며 기념 촬영. 1호점은 시모고리下郡 본점. 그 후 오이타시에 매장을 늘려갔다.

학이 나오는 광고로도 유명한 에치젠소바, 90년 넘는 전통을 자랑하는 가게

후쿠이역 앞에 있는 본점. 가게 이름의 유래인 학鶴(쓰루)을 모티브로 한 커다란 로고가 눈에 띈다.

후쿠이

에치젠쓰루키소바 越前つるきそば

지역	후쿠이
매장 수	4개

1933년 창업한 에치젠쓰루키소바는 '에치젠 오로시소바'로 전국적으로 알려진 소바의 고장 후쿠이의 전통 있는 소바 전문점이다. 후쿠이 메밀가루는 메밀의 감피를 함께 갈기 때문에 약간 색이 있는 것이 특징이다. 감피 부분은 메밀 향이 강한데 그것이 '에치젠소바'의 맛이기도 하다. 이 가게의 두껍고 검은색의 납작한 면은 향과 씹는 맛도 충분하다.

'쓰루키소바'의 '쓰루키鶴喜'는 '학이 많이 모여 기뻐할 만큼의 소바를 제공하고 싶다'라는 뜻에서 붙여진 이름이라고 한다.

소바부터 일품요리까지 메뉴가 다양해 가족 단위 손님이나 술손님에게도 인기가 많으며, 본점과 이타가키板垣점에는 크고 작은 룸도 완비되어 있다.

여러 가지 토핑으로
맛의 변화도 즐길 수 있다!

에치젠 접시 소바越前皿そば(에치젠사라소바)

다섯 장의 작은 접시에 담긴 '에치젠 접시 소바'. 참마나 달걀 등의 토핑을 곁들여 먹는 것도 별미다. 평일 14시부터는 무한리필 타임도 있다.

고미소바好味そば

튀김, 간 무, 산채, 참마, 나메코 버섯 등 다양한 재료의 맛을 즐길 수 있는 '고미소바'.

가쓰돈 런치かつ丼ランチ

오로시소바(간 무를 넣어 먹는 소바)와 소스 가쓰돈으로 구성된 '가쓰돈 런치' 등 돈부리가 세트로 구성된 평일 런치 메뉴도 다양하다. 밥 곱빼기(오모리大盛) 서비스도 있다.

후쿠이 현민에게 친숙한 광고

하얀 꽃이 피는 메밀밭을 배경으로 그림 속 학이 우아하게 날아간다. 민요풍의 노래가 향수를 불러일으키는 TV 광고는 후쿠이 현민에게는 친숙하다.

가쓰이에소바勝家そば

본점 맞은편에는 시바타 가쓰이에柴田勝家(전국시대의 무장)와 관련된 시바타 신사가 있다. 가쓰이에의 이름을 딴 메뉴 '가쓰이에소바'.

개방감 있고 시크한 외관의 히라타平田점. 각 매장마다 장애인 편의시설이 있어 휠체어를 탄 사람도 편히 이용할 수 있다.

우동 문화의 땅에서 '마쓰야마松山소바'를 부담 없이!

마쓰야마 중심부에도 매장이 많아 여행자들도 부담 없이 방문할 수 있다. 사진은 마쓰야마시역의 다카시마야高島屋점.

에히메

소바키치そば吉

지역	에히메(마쓰야마 시내 8개), 히로시마
매장 수	10개

일본 소바 전문점 소바키치는 1959년에 마쓰야마시 니반초二番町에 오픈했다. 우동 문화가 발달한 에히메에 맞춘 '마쓰야마소바'로서 메밀가루와 밀가루의 비율을 과감히 5:5로 했다. 비밀리에 전해 내려온 다마리たまり간장(밀을 거의 사용하지 않고 콩을 오래 발효시켜 만든 진한 간장)과 향이 좋은 이치반다시一番だし(끓인 물에 불을 끄고 재료를 넣어 뽑아내는 육수)로 만든 자루쓰유ざるつゆ(소바를 찍어먹기 위한 차가운 쓰유)는 절묘한 맛이다. 우동처럼 소바를 쓰유에 찍어 먹는 사람이 많기 때문에 자루쓰유가 넉넉하게 제공되는 것도 반갑다. 소바는 자체 공장에서 필요한 양만큼만 제분한 신선한 메밀가루를 사용한다. 각 매장에서 매일 몇 번씩 나눠서 소바를 뽑기 때문에 언제든 신선한 소바를 맛볼 수 있다. '자코렌소바' 등 지역색이 풍부한 메뉴도 매력적인, 서일본에서는 보기 드문 소바 체인이다.

겨울에는 덴푸라소바, 여름에는 덴자루가 인기 1위

덴자루소바天ざるそば

여름 시즌에 가장 인기 있는 메뉴는 '덴자루소바'. 갓 튀겨 낸 튀김을 이치반다시로 만든 덴쓰유와 함께 먹는, 마쓰야마 시민의 특별한 요리.

자코텐소바じゃこ天そば

소바벤토そば弁当

(위) 야와타하마八幡浜산 생선의 살을 튀긴 자코텐을 얹은 '자코텐소바'도 인기다. (오른쪽) 개업 당시에는 드물었던 세트를 '벤토'라는 이름으로 판매하고 있다.

와리코벤토割子弁当

시골 소바田舎そば (이나카소바)

참마가 주먹 크기만큼 들어간 '시골 소바'도 명물이다. 뜨거운 가케쓰유에 참마와 무를 갈아 넣은 오리지널이다.

우동 문화의 땅에서 소바의 매력을 전하는 광고

'소바의 원산지는 세계 장수국 코카서스 지방……'이라는 말로 시작하는 기묘한 광고. 소바키치의 개점을 알리는 당시 광고다.

당시의 추천메뉴는 명물인 '가마아게소바釜揚そば (삶은 소바를 찬물에 헹구지 않고 따뜻한 국물에 담가 먹는 소바)'였던 듯.

명물 '후지산 소바'도 있는 요코하마의 노포 소바 전문점

자체 개발한 튀김기로 갓 튀겨낸 덴푸라를 빠르게 제공하는 '쓰케텐つけ天'이 가장 인기 있다. '채소 쓰케텐野菜つけ天(야사이 쓰케텐)'은 가성비 만점.

가나가와

미나토안 味奈登庵

지역	가나가와 (요코하마 시내 15개)
매장 수	17개

미나토안은 요코하마 시내를 중심으로 매장을 운영하고 있는 일본 소바 전문점이다. '좋아하는 소바와 덴푸라를 배불리 먹고 싶다'는 생각을 실현하기 위해 직장을 그만둔 창업자가 1968년 '신겐信玄'이라는 이름으로 개업했다. 일본 소바의 재료, 맛, 양을 고집하며 저렴한 가격으로 제공하는 것이 이 가게 스타일이다. 면의 양이 1kg에 달하는 명물 '후지산모리소바'는 창업자의 마음이 담긴 메뉴이기도 하다. 일반 소바, 갓 튀긴 덴푸라, 돈부리 등 메뉴도 다양하다.

풀서비스 매장과 셀프서비스 매장이 있으며, 후자는 모든 메뉴가 단품으로 제공되고 덴푸라도 한 개씩 주문할 수 있다. 명주 '고시노칸바이越乃寒梅'를 간편하게 마실 수 있어 애주가들에게는 호평을 받는다.

한 번에 먹는 것이 '후지산 등정'의 요령!

후지산모리소바富士山盛りそば

후지산 모양으로 담겨 등장. 남기지 않고 먹는 것을 목표로 하는 점보 메뉴로, 주문한 사람의 60% 정도가 다 비운다고 한다. 가격은 670엔으로 저렴하다.

가쓰돈 세트かつ丼セット

두번째 인기 메뉴는 일본산 돼지고기를 사용한 '가쓰돈 세트'. 그냥 먹기에도 충분한 양이지만, 소바를 곱빼기(오모리)나 후지산 소바로 먹는 대식가도 있다.

요코하마규세이로横浜牛せいろ

요코하마에서 시작된 소고기 전골牛鍋(규나베)의 맛을 재현한 '요코하마규세이로'. 10여 년 전에 탄생한 인기 메뉴.

돈부리 밥丼物ライス(돈부리모노라이스)

신겐 시대의 매장

창업점은 과거 요코하마에 있던 공동주택지 고라쿠소互楽荘에 있었다. (아래) 오른쪽 아래 건물이 고라쿠소.

※干し海老が入っています

원하는 덴푸라를 조합해 오리지널 덴돈(텐동)을 만들 수 있는 '돈부리 밥'. 무료인 덴카스를 얹는 것도 가능하다. 덴푸라는 1개 80엔부터.

철판으로 맛보자!
안카케 스파게티의 거물

(위 왼쪽) 스테인드글라스 천장 등 쇼와시대 느낌이 물씬 풍기는 로맨틱한 인테리어의 도요하시豊橋 시내 본점. 마스코트 캐릭터인 요리사가 마중을 한다!

아이치

스파겟테이 차오 スパゲッ亭チャオ

지역	아이치(6개), 효고(1개)
매장 수	7개 (직영점 4개, 가맹점 3개)

스파겟테이 차오는 안카케(전분으로 걸쭉하게 만든 소스) 스파게티의 원조 '요코이ㅋㅋㅋㅋ'(나고야시)의 지도를 받아 1965년에 도요하시역 앞 지하에서 개업했다.

간판 메뉴인 안카케 스파(스파게티)에는 고기와 채소를 장시간 끓여 만든 '차오 소스'가 듬뿍 들어 있어, 깊고 진한 소스가 면에 스며든다.

면은 안카케 스파게티 전용 2.2mm의 굵은 면을 사용한다. 면을 삶은 후 라드로 볶아 마무리하기 때문에 겉은 바삭하고 속은 쫄깃쫄깃한 식감을 즐길 수 있다. 접시를 '철판 접시'로 변경할 수 있는 이 가게만의 유료 옵션도 있는데, 손님 중 절반 이상이 철판으로 주문할 정도로 인기가 많다.

눈도 배도 대만족
단연 인기 1위!

바이킹バイキング/철판鉄板(뎃판)

압도적 인기 1위 메뉴는 '바이킹(철판)'이다. 바삭바삭한 치킨가스와 비엔나 소시지가 토핑되어 있어 보기에도 좋고 배도 든든한 한 접시이다.

미라클 스파ミラクルスパ(미라쿠루스파)

밀라노ミラノ(미라노)

(위) 토핑이 듬뿍 담긴 '미라클 스파'.
(오른쪽) 감자튀김을 얹은 두번째 인기 메뉴 '밀라노'.

돈스파トンスパ

나폴리탄ナポリタン(나포리탄)

안카케 스파가 중심이지만 '나폴리탄'도 인기다. 쫀득쫀득한 식감도 즐길 수 있다.

든든한 스파게티 '돈스파'. 메인인 돈가스에 감자튀김도 함께 올라간다.

2호점은 볼링장으로

(위) 1967년 '무카이산 볼링장'에 문을 연 '레이크사이드 차오'의 우아한 매장 내부. (아래) 스파겟테이 차오 개업 당시의 시대적 분위기를 느낄 수 있는 구인광고.

언제라도 스파겟테이 차오의 맛을

안카케 소스와 면은 매장에서 판매한다. 집에서도 간편하게 '집 차오'를 맛볼 수 있다.

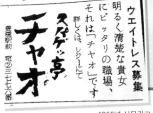

詳しくは、レジにて。

それは「チャオ」です。

ウエイトレス募集

明るく清楚な貴女にピッタリの職場、
ぴったりの職場、

飲と清楚な貴い家庭女性に
飲み合う職場、
それが「チャオ」です。

スパゲッ亭
チャオ

豊橋駅前 電(2)三七七六番

1965년 신문광고

나가오카 시민이라면 상식!?
이탈리안 & 교자

푸드코트에서는 테이크아웃도 인기다. 소프트아이
스크림 로고가 눈에 띈다!

이탈리안 イタリアン (이타리안)
미트소스가 맛있는 간판 메뉴 '이
탈리안'. 양배추와 숙주나물도 들
어 있다.

니가타

프렌드 フレンド (후렌도)

지역	니가타 (나가오카 시내 7개)
매장 수	9개

니가타 명물 '이탈리안'과 '교자' '소프트아이스크림'의 가게로 오랫동안 나가오카 시민
들에게 사랑받고 있는 프렌드. 대표 메뉴인 '이탈리안'은 이름도 모양새도 파스타 같지
만, 약간 굵은 중화면에 특유의 새콤달콤한 향이 나는 미트소스를 얹은 '이탈리아식 야
키소바'다. '교자'는 1960년경, '이탈리안'은 몇 년 후에 등장해 지금은 나가오카 시민의
소울푸드로 자리 잡았다. 창업 초기부터 판매하는 오리지널 '교자'도 간식이나 반찬으
로 인기가 높다. '이탈리안'과 '교자'를 단품으로 주문하고 마지막에 '소프트아이스크림'
으로 마무리하는 것이 이 가게의 추천 메뉴다.

인기 메뉴 세트 그 이름도 '페어'!

페어페어(페아)

교자ぎょうざ

'교자'는 '이탈리안'보다 역사가 깊은 간판 메뉴다. 인기 메뉴 두 개를 세트로 먹을 수 있는 저렴한 메뉴 '페어'도 명물이다.

소프트아이스크림ソフト(소후토)

디저트도 충실하다. 특히 인기 있는 것은 소프트아이스크림으로 바닐라, 초코, 믹스 세 가지 종류가 있다. 소프트아이스크림을 얼린 테이크아웃용도 있다.

오믈렛 이탈리안オムレツイタリアン(오무레쓰이타리안)

'이탈리안'을 통째로 오믈렛으로 감싼 일품. 부드러운 달걀을 얹어 만족도를 높인다.

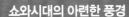

쇼와시대의 아련한 풍경

(왼쪽) 포스터로 간판 메뉴를 홍보하고 있다.
(아래) 여행선물로 파는 '교자' 코너와 나가오카역 앞 마루센丸専 백화점 내 식당도 성황을 이루었다.

(오른쪽) 1970년대 기타마치喜多町점. 1976년에는 당시로서는 드물게 드라이브스루를 설치했다.

127

니가타에서 시작한 창작 야키소바 '이탈리안'을 파는 가게

'이탈리안' 외에도 소프트아이스크림, 다코야키, 감자튀김 등의 메뉴도 있다.

이탈리안 イタリアン

포도 바닐라
グレープバニラ
(구레푸바니라)

말차 포도
抹茶グレープ
(맛차구레푸)

(위) 소프트아이스크림은 맛도 다양하다. (오른쪽) 선디 중에서도 인기 있는 '치프넛'.

치프넛
チーフナッツ(치후낫쓰)

니가타

미카즈키 みかづき

지역	니가타(니가타 시내 21개)
매장 수	21개

니가타 명물 '이탈리안'이 간판 메뉴인 미카즈키는 1909년에 시내에서 최초로 단 음식을 파는 깃사텐로 창업했으며, 1960년부터 '소스 야키소바' 등에서 영향을 받았다고 하는 신메뉴 '이탈리안'을 판매하기 시작했다. 굵은 중화면과 양배추, 숙주나물을 특제 소스로 볶고, 가루 치즈로 맛을 낸다. 여기에 특제 토마토 소스를 뿌려 작은 은색 접시에 담아 제공한다. 포크로 먹는 세련된 스타일과 새로운 맛으로 큰 인기를 끌었다. 당시 사장의 입버릇처럼 하던 말은 '입이 떡 벌어질 정도는 아니지만, 다른 곳에서는 맛볼 수 없는 것을 만들자'였다. 그야말로 미카즈키에서만 맛볼 수 있는 '이탈리안'이다.

여름에는 카레, 겨울에는 화이트가 인기

카레 이탈리안 カレーイタリアン

'이탈리안'의 야키소바에 어울리는 단맛의 카레를 얹어서 두번째로 출시한 '이탈리안'.

화이트 이탈리안
ホワイトイタリア(화이토이타리안)

서양 요리인 베샤멜 소스를 사용해 카르보나라를 연상케 하는, 겨울에 잘 나가는 메뉴다.

'여성만 들어갈 수 있는 시대'도 있었다

단 음식을 파는 깃사텐 시절의 신문광고들. 지금은 없는 메뉴와 '야키소바 이탈리안'의 광고도 했다.

버라이어티 포테이토
バラエティポテト(바라에티포테토)

특이한 모양의 감자가 가득한 '버라이어티 포테이토'. 웃는 얼굴의 스마일 포테이토도 두 개 들어 있다.

초등학교 바자회에서 인기

1960년대에 '이탈리안'이 인기를 얻는 계기가 되었던 바자회. 지금은 바자회 자체가 줄어드는 추세지만, 일단 열리면 잘 팔린다.

니가타 최고의 번화가에서 깃사텐을 시작했다. 여성이거나 여성 동반자가 있어야 입장할 수 있던 시절도 있었다.

면을 '굽는다'!
그것이 소후렌의
'야키소바'다!!

소후렌의 야키소바를 잘 아는 사람일수록 날달걀을 넣어 주문한다고 한다. 날달걀을 면에 비벼 먹으면 맛도 식감도 더욱 부드러워진다.

날달걀을 넣은 야키소바生玉子入り焼そば(나마타마고이리야키소바)

오이타

소후렌想夫恋

| 지역 | 오이타, 후쿠오카, 사가, 구마모토, 가나가와 · 도쿄 · 아이치 · 교토(각 1개) |
| 매장 수 | 44개 |

전국적으로도 보기 드문 야키소바 전문점 체인인 소후렌은 1957년 창업 이래로 전통의 맛을 지키고, 정성을 다한 야키소바를 제공하고 있다.

일반적인 야키소바는 면을 볶는 것이 일반적이지만, 이 가게에서는 삶은 생면을 제대로 '구워낸다'. 그래서 노릇노릇하게 구워진 면은 겉은 바삭하고 속은 부드러운 독특한 식감을 자랑한다. '소후렌야키想夫恋焼'라고 부르는 조리법을 익혀 야키소바 장인이 되는 데는 3년 이상이 걸린다고 한다. 재료는 아삭아삭한 숙주와 파, 감칠맛이 강한 모치부타もち豚(지방이 떡처럼 하얗고 단단한 돼지고기). 이 심플한 재료와 계절마다 수분을 조절해 만든 수제 면에 비법 양념이 어우러져 유일무이한 맛이 탄생한다.

반숙 달걀프라이도
인기 토핑이다!

달걀프라이를 토핑으로 얹고 반숙 노른자를 찍어 먹어도 맛있다. 테이블에는 홍생강도 준비되어 있다. 야키소바에는 홍생강이 잘 어울린다!

야키소바 달걀프라이 토핑
焼そば 目玉焼きトッピング (야키소바 메다마야키토핑구)

마요카케야키소바 マヨかけ焼そば

소후렌 야키소바 세트 想夫恋焼そばセット

토핑으로는 마요카케(음식 위 실처럼 뿌린 마요네즈), 마요네즈(별도 그릇), 차조기, 참마, 스파이스 카레 등도 있다. 약 30년 전부터 철판 접시를 사용했다(일부 매장 제외).

창업 당시의 히타日旺시 본점

1957년 창업 당시의 소후렌 본점. 구 히타 우체국 앞에 있던 이 가게에서 '야키소바'가 탄생했고, 1963년에는 히타시 산본마쓰三本松로 이전했다.

한입 교자 ひとくち餃子 (히토구치교자)

본점에는 야키소바 외에도 정통 중식 메뉴도 다양하다. '한입 교자'도 맛있다.

가라아게 唐揚げ

간장 베이스의 육즙이 풍부한 튀김은 맛과 양 모두 만족스럽다! 매장 한정 메뉴.

일부에서는 봉황 마크라고도 불리는 로고. 창업자가 야마가타 쓰루오카鶴岡시 출신이라 학을 모티브로 했다. 2024년 60주년을 맞이한다!

다진 고기 & 달걀, 굵게 다진 고추로 NEW 탄탄!

탄탄멘タンタンメン

매끈하고 굵은 스트레이트면. 푼 달걀과 국물이 잘 어우러져 부드럽게 먹을 수 있다.

가나가와

원조 뉴탄탄멘혼포
元祖ニュータンタンメン本舗(간소뉴탄탄멘혼포)

지역	가나가와(32개), 도쿄, 지바, 나가노, 사이타마 · 미야기(각 1개)
매장 수	46개

간판 메뉴인 '뉴탄탄멘'으로 유명한 '원조 뉴탄탄멘혼포'는 1964년에 가와사키川崎시에서 동네 중식당으로 창업했다.

가와사키의 공업지대에서 일하는 사람들을 위해 체력을 보충할 수 있는 요리를 만들고자 창업자가 중식인 탄탄멘을 변형한 메뉴가 바로 '뉴탄탄멘'이다. 돼지뼈 베이스의 짭짤한 국물에 다진 고기, 마늘, 달걀을 넣고, 굵게 다진 고추로 맛을 낸 '새로운' 탄탄멘으로 인기를 끌고 있다. 지금은 방문객의 약 80%가 주문할 정도다. '덜 매움' '아주 매움' 등 매운맛을 선택할 수 있고, 토핑의 종류도 다양해 그 조합을 즐기는 팬들도 많다.

점심시간에 인기!
마늘이 싫다면 바로 이것

미소라멘味噌ラーメン
점심에 마늘은 안 된다는 사람도 많아서, 면요리 중에서는 '탄탄멘'에 이어 두번째로 인기다. 특히 겨울에 많이 찾는다고 한다.

마제탄まぜタン

경기장에서도 쉽게 먹을 수 있는 한정 메뉴로 탄생한 '마제탄'(국물 없이 소스에 비벼먹는 마제소바식 탄탄멘). 지금은 제공하는 매장이 늘어났다.

쇼와시대와 최근 매장 외관

(위) 현재의 이케부쿠로 히가시구치池袋東口점. (아래) 창업 매장에서는 야키니쿠도 판매했다. 일부 매장에서는 지금도 야키니쿠를 제공한다.

미소교자味噌餃子
창업 후 몇 년 만에 등장한 '미소교자'. 약간 신맛이 나는 미소와 함께 먹는 인기 메뉴다.

채소볶음野菜炒め (야사이이타메)
매장마다 메뉴는 다르지만, 이 채소볶음처럼 안주로 좋은 일품요리도 있다.

현지인을 위한 식당!
후쿠오카 3대 우동 체인

사누키우동 등의 '쫄깃한 우동'에 비해 일반적으로 '부드러운 우동'이라는 이미지가 있는 후쿠오카의 우동. 면의 부드러움도 특징이지만, 매끄럽고 쫀득한 식감도 큰 매력이다. 여기서는 후쿠오카 우동을 대표하는 3대 우동 체인 웨스트, 스케상우동, 마키노우동을 소개한다.

달콤짭짤한 우삼겹이 일품!
꾸준한 인기로 부동의 No.1!!

우엉 덴푸라 우동ごぼう天うどん(고보텐우동)

고기 우동肉うどん(니쿠우동)

'고기 우동'은 특제 양념으로 조린 고기와 진한 육수가 절묘하게 조화를 이룬다. '우엉 덴푸라 우동'의 우엉은 우엉 특유의 단맛이 나도록 길게 썰어서 튀기는 것이 웨스트 스타일이다.

독특한 쫀득쫀득 우동
하카타에서 시작된 노포 체인!

웨스트ウエスト(우에스토)

지역	후쿠오카(66개), 구마모토, 사가, 오이타, 지바, 나가사키·가고시마·도쿄(각 1개)
매장 수	104개

마루텐우동丸天うどん

생선 반죽을 튀긴 '마루텐'(둥근 모양의 덴푸라)은 이 지역 우동의 단골 메뉴다. 매장은 도로변부터 시내까지 넓게 분포되어 있다.

하카타의 맛을 만끽할 수 있는 호화로운 콜라보를 맛보자!

새우 덴푸라 우동海老天うどん (에비텐우동)

명란 가마타마明太釜玉 (멘타이카마타마)

따끈따끈한 가마아게멘釜揚げめん(삶은 뒤 찬물에 헹구지 않은 면)에 온천달걀(온타마)과 오래된 업체 후쿠야ふくや의 명란을 듬뿍 얹은 '명란 가마타마'. '새우 덴푸라 우동'은 탱글탱글한 새우를 갓 튀겨서 제공한다.

갓잎말이 오니기리
高菜葉巻おにぎり (다카나요마키오니기리)

모쓰나베もつ鍋

짭조름한 갓잎으로 감싼 소박한 맛의 오니기리. 쌀은 미네랄이 풍부한 아소阿蘇 오구니小国산.

후쿠오카 명물인 모쓰나베(일본식 곱창전골)는 진하고 걸쭉하지만, 이곳은 담백하게 먹을 수 있다.

1호점은 후쿠오카 교외에

창업 당시 기야마基山점(왼쪽)과 증축 후 1호점인 후쿠마福間점(오른쪽). 통유리로 된 건물로 당시로서는 파격적인 드라이브인 스타일이었다.

웨스트는 1966년 창업 이래 우동집으로 영업을 계속해왔으며, 지금은 후쿠오카의 노포로 지역 주민들에게 사랑받고 있다. 우동은 부드러우면서도 쫄깃쫄깃한 것이 특징이다. 매일 매장에서 직접 만든 육수와 함께 매끈하고 부드러운 목 넘김과 쫀득쫀득한 식감의 면을 즐길 수 있다.

주문을 받고 나서 튀겨내는 덴푸라 맛도 각별하다. 후쿠오카의 독특한 우동 메뉴인 '마루텐우동'의 마루텐도 갓 튀겨낸 뜨끈뜨끈한 상태로 제공된다. 마루텐을 잘라달라고 ("캇토cut") 주문하는 것이 가장 맛있게 먹는 방법이라고 한다.

저녁에는 이자카야 메뉴도 있으며, 우동 육수를 사용한 '모쓰나베'도 인기다.

긴 우엉 덴푸라 다섯 개에다 달콤한 규슈 간장에 양파를 듬뿍 넣고 조린 고기를 얹어 먹는다. 고기의 육수가 국물과 어우러져 속이 풀리는 맛으로 가장 인기 있는 메뉴이다.

고기 우엉 덴푸라 우동肉ごぼ天うどん(니쿠고보텐우동)

참마 다시마는 우동은 물론 오니기리에 속재료로 넣어 먹는 것도 추천한다.

덴카스와 참마 다시마로 취향에 맞게 조절한다!

기타큐슈시의 문화도 계승한 명물 '고보텐'은 꼭 먹어봐야 할 음식!

스케상우동資さんうどん

지역	후쿠오카(43개), 사가, 구마모토, 오이타, 미야자키, 야마구치, 효고, 나가사키, 가고시마, 오카야마, 오사카
매장 수	70개

창업자의 이름 '오니시 쇼지大西章資'에서 맨 뒤 한 글자를 따서 '스케資상우동'이라는 가게 이름을 지었다.

규슈를 중심으로 매장을 늘리고 있는 우동 체인 스케상우동은 1976년 기타큐슈시에서 창업했다. 우동은 부드럽고 매끄럽고 속은 쫄깃쫄깃한 식감이 특징이다. 면은 단맛이 남아 있는 약간 진한 육수로 끓이는 것이 특징이다. 대표 메뉴인 '우엉 덴푸라 우동'에는 이 가게의 대명사인 막대 모양 우엉 덴푸라가 들어 있다. 우엉의 굵기, 자르는 방법 등 개선을 거듭해 지금의 형태가 되었다고 한다.

테이블 위에 놓여 있는 참마 다시마와 덴카스를 우동에 무제한으로 넣을 수 있는 것도 장점이다. 우동과 '가쓰토지돈' 등의 단골 메뉴를 비롯해 100가지가 넘는 메뉴가 있어 가족 단위의 손님이 많다.

우동이나 돈부리를 기다리는 동안 술안주로 한 접시 어때요?

가쓰토지돈カツとじ丼

오뎅おでん

직접 만든 국물이 밴 '오뎅'은 재료도 풍부하다. 진하고 중독성 있는 맛의 '가쓰토지돈'(얹어먹는 돈가스와 밥이 다른 그릇에 담긴 요리)과, 다진 닭고기 살과 우엉이 들어간 '가시와오니기리'도 인기다.

가시와오니기리かしわおにぎり

보타모치ぼた餅

왼쪽은 직경 1.6mm의 얇은 면인 호소멘細めん, 오른쪽은 일반 면. 호소멘은 차가운 우동으로 주문하는 경우도 많아 두터운 팬층이 있다.

단맛이 적고 살짝 짠맛이 나는 팥앙금 '보타모치'(팥앙금을 고물로 한 떡으로 오하기와 거의 같다). 야타이에서 보타모치를 파는 기타큐슈 특유의 옛 문화를 계승하고 있다.

1호점 근처에서는 정통 카레 가게도 운영 중이었다고!?

(오른쪽) 기타큐슈 1호점. (왼쪽) 예전에 운영하던 카레 가게. 당시의 카레가 개량되어 지금도 스케상우동에서 제공하고 있다.

고기는 달콤하고 짭짤한 스키야키 스타일. 부드러운 식감을 고집한 우엉은 두꺼운 튀김옷으로 튀겨져 있어 국물에 녹아드는 튀김옷의 맛도 일품이다.

고기 우엉 우동肉ごぼううどん(니쿠고보우동)

고기 우동肉うどん(니쿠우동)

닭고기밥かしわご飯(가시와고한)

절반 이상의 손님이 주문하는 철판 사이드 메뉴. 향수를 불러일으키는 달콤한 규슈 간장 맛.

간선도로 주변의 대형 매장 형태로 지점 수를 늘려갔다. 멀리서도 눈에 띄는 간판을 내건 매장도 있다. 널찍한 좌식 홀은 식사 시간에는 만석이다.

정성껏 우려낸 국물이 스며든 킹 오브 야와멘!

마키노우동 牧のうどん

지역	후쿠오카(14개), 사가(3개), 나가사키(1개)
매장 수	18개

후쿠오카의 가마아게우동으로 알려진 마키노우동은 1973년에 이토시마糸島시에 1호점을 오픈했다. 창업자의 집이 제면소였는데, 그곳에서 직원 식사로 먹던, 찬물로 헹궈내지 않는 가마아게우동이 그 뿌리다. 우동을 식히는 과정이 없기 때문에 주문이 들어오면 솥에서 바로 건져 그릇에 담고 국물을 붓는다. 삶은 면은 국물을 잘 빨아들이기 때문에 테이블에 놓인 주전자에서 국물을 부어가며 먹는 것이 기본 스타일이다.

밀가루 100%를 고집하는 면은 물과 소금, 밀가루만으로 만든 소박하고 담백한 맛이다. 우동 가게에서 '야와멘(부드러운 면)' '주멘(중간 면)' '가타멘(단단한 면)'으로 면의 단단한 정도를 선택할 수 있는 것도 이 가게만의 특징.

주전자로 국물을 부어 먹는
'마키노우동' 스타일

숙주나물 우동もやしうどん(모야시우동)

순식간에 국물을 빨아들이는 면은 식감의 부드러움과 맛의 변화도 즐길 수 있다. 보기 드문 '숙주나물 우동'이라는 일품도 있다.

삶은 면은 테이크아웃용이다. 야와멘 문화가 뿌리내린 지역 특유의 맛.

고로케우동コロッケうどん

후쿠오카에서는 보기 드문 '고로케우동'. 육수용 다시마를 사용한 국물과의 궁합도 뛰어나다!

거대한 깃발을 내걸고 '축 개점'!

1973년 창업 당시 가후리加布里 본점. 지금의 매장에도 그 흔적이 남아 있는, 운치 있는 도로변에 자리한 가게다.

'야와멘'은 삶는 시간 40분

솥과 마주하는 사람은 '제면사'라고 불리는 한 사람뿐이다. 거대한 솥에서 생면을 삶는다.

현지 맛집 체인 디자인 갤러리
간판

큰 글씨와 로고가 강렬한 거대한 간판. 길가에 있는 가게는 멀리서도 눈에 확 띄어야 한다.
전혀 모르는 가게라도 이런 간판을 보는 것만으로 자연스럽게 배가 고파진다.

3부

맛있는 행복을
포장해간다!

도시락·테이크아웃
& 편의점 체인

고치 명물인 '치킨난반 도시락', 지금은 전국적으로 유명한 반찬 '지쿠와 샐러드'의 원조, 조슈上州(군마현 지역의 옛 이름)의 명물 '도리메시 도시락', 초강력 '차슈 도시락' 등의 오니기리 도시락, 그리고 콧페빵으로 인기인 제과점까지, 갓 만들어 따끈따끈한 맛있는 도시락과 테이크아웃 & 편의점 체인을 소개한다!

욧카이치에서는 단골 메뉴 모모타로가 눈에 띄는 오니기리 가게!

아담한 민가풍의 가게 안에는 모모타로 인형이 반갑게 맞이한다. 사진은 왼쪽부터 가와시마川島점, 이쿠와生桑점.

오니기리와 함께 인기 있는 '달걀말이'. 장인이 하나하나 정성스럽게 구워내고 있다.

미에

오니기리의 모모타로
おにぎりの桃太郎 (오니기리노모모타로)

| 지역 | 미에(욧카이치四日市 시내 14개) | 매장 수 | 16개 |

욧카이치 시민들에게 친숙한 '오니기리의 모모타로'는 1975년에 1호점을 오픈했다. 오니기리에는 미에현 브랜드 쌀인 무스비노카미結びの神를 몇 년 전부터 전 매장에서 사용하고 있다. 크고 단단한 쌀알은 쫀득쫀득하면서도 끈적임이 적고 씹을수록 맛이 퍼지는 것이 특징이다. 최신식 밥솥과 안심하고 먹을 수 있는 맛있는 물로 지은 밥은 소금을 골고루 뿌리는 '펼치기' 과정과 수냉식 쿨러로 한 번에 식히는 '식히기' 과정을 거쳐 식어도 맛있는 오니기리가 완성된다.

오니기리 외에도 도시락, 스시, 반찬, 우동, 단 음식 등 종류도 다양하다. 물론 도시락은 그 자리에서 바로 뜨거운 밥을 담아준다.

대표 메뉴인 반찬과 주먹밥 부동의 인기 투 톱

달걀말이だし巻玉子(다시마키타마고)

아지味

주먹밥 메뉴 중 가장 인기 있는 '아지'는 현지 풍미의 단맛이 나는 밥이다. '달걀말이'는 욧카이치 전통의 달콤짭짤함을 계승한 맛이다.

2위는 안정적인 '연어'. 3위인 '시치미 긴피라 마요'는 간장 베이스의 달콤짭짤한 긴피라(우엉조림)에 마요네즈와 시치미를 더했다.

연어さけ(사케)

시치미 긴피라 마요七味キンピラマヨ

시구레しぐれ

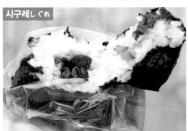

욧카이치시의 이웃인 구와나桑名시가 발상지라고 하는 '바지락 시구레니しぐれ煮(조림)'. 구와나에 있는 노포의 메뉴인 시구레(시구레니의 줄임말)도 있다.

모모타로우동桃太郎うどん

덴카스와 우메보시梅干し(매실장아찌)를 넣어 너무 가볍지도 무겁지도 않은 맛이다. 숙취에 꼭 먹는다는 단골도 많다.

그 뿌리는 햄버거!?

미국 맥도날드의 인기에 힘입어 '일본판 햄버거 전문점'으로 출발했다.

본사의 거대한 모모타로!

동요 모모타로의 배경음악과 함께 본사 옥상의 복숭아 속에서 오니기리를 먹는 거대한 모모타로가 하루 5회 등장한다. 총 공사비는 무려 3천만 엔!

개방적인 매장 내부는 통로도 넓고 여유롭다. 도시락 메뉴는 100가지가 넘고 과자, 음료, 컵라멘 등 상품도 다양하다.

난코쿠토사南国土佐 **(고치현 중부지역)에서 인기 만점인 '난반족**族'!

고치

구이신보키사라기くいしんぼ如月

지역	고치(고치 시내 12개)
매장 수	15개

1981년 11월, 도시락 테이크아웃 전문점 구이신보키사라기가 고치 시내에 세 곳을 동시에 오픈했다. 이후 고치 시민들 사이에서는 가게 이름을 줄인 '구이시' '기사라기'라는 애칭으로 사랑받고 있다.

이 가게의 명물 메뉴인 '치킨 난반'은 부드럽고 육즙이 풍부한 닭가슴살을 사용해 얇은 튀김옷을 바삭하게 튀겨낸 것으로 한번 먹으면 잊을 수 없는 맛이다. 달콤한 '오로라 소스'를 곁들여 먹는 '치킨 난반'은 다른 가게에도 널리 퍼져 지금은 고치의 식문화로 자리 잡았다.

치킨 난반 계열 메뉴인 이 가게의 '난반족'은 '난반초이스' '난반 BIG' 등 종류도 다양해 인기가 높다.

아르바이트생이 발명한 '오로라 소스'

치킨 난반 チキンナンバン

'치킨 난반'의 인기 비결은 아르바이트생이 발명한 달콤짭짤한 맛의 '오로라 소스'. 소스가 듬뿍 들어 있어 만족도가 높다!

치킨 난반 BIG チキンナンバンBIG

'치킨 난반'이 두 개 들어 있는 'BIG'이 부동의 인기 1위, 세 개 들어 있는 '슈퍼 BIG'도!

초이스 돼지고기 생강구이
チョイス生姜焼き(초이스쇼가야키)

'치킨 난반'에 더해 다섯 가지 기본 반찬 중 하나를 선택할 수 있다. 그중에서도 '돼지고기 생강구이'가 인기.

겨울에는 겨울 한정 메뉴인 '미소카쓰잔멘'이 인기다. 이 가게가 자랑하는 오리지널 메뉴 중 하나 (잔멘은 각종 재료를 넣은 걸쭉한 소스를 넉넉히 얹은 면 요리로 밥과 함께 먹는다).

미소카쓰잔멘 味噌カツじゃん麺

쇼와 50년대 1호점

1981년 오픈 당시 와카마쓰若松점. 본사 앞에 매장이 있고, 작은 도시락 가게 스타일이었다.

매장 내 상품도 저렴하다!

'도시락과 함께 파는 것은 조금이라도 싸게, 이익이 나지 않아도 괜찮다'라고 할 정도로 저렴한 서비스 가격으로 매장 내 상품을 판매한다. 이것도 반가운 소식!

145

도시락, 반찬 & 편의점
매장 내 식사도 OK!

편의점 & 패밀리 레스토랑 같은 매장. 히라이의 큰 간판은 멀리서도 눈에 띈다. 가게 안에는 맛있어 보이는 반찬이 진열되어 있다.

구마모토

히라이ヒライ

지역	구마모토(127개), 사가, 오이타, 후쿠오카
매장 수	184개(도시락 전문점 82개, 임대매장 102개)

히트 반찬 '지쿠와 샐러드'의 원조이자 규슈뿐만 아니라 전국적으로도 그 이름이 널리 알려진 히라이는 1968년에 창업하여 구마모토를 중심으로 후쿠오카, 오이타, 사가 각 현에 여러 매장을 늘려가고 있는 규슈 북부의 메가 체인점.

도시락과 반찬 등을 팔며 '도시락 숍'과 '편의점'의 역할을 하고, 도로변 매장에는 '매장 내 취식 코너'도 설치했다. 매장에서 구입한 도시락은 물론 정식, 우동, 카레, 돈부리 등을 주문해 먹을 수도 있다. '야마짱/노보세몬のぼせもん(쉽게 열중하는 사람을 가리키는 규슈 북부 방언) 라멘' '자신감 난반 도시락' '봄맞이 짬뽕' 등 상품 담당자가 생각한 독특한 이름의 메뉴도 즐겁다.

원조 지쿠와 샐러드元祖ちくわサラダ(간소치쿠와사라다)

명물 '원조 지쿠와 샐러드'는 지쿠와 어묵 구멍에 감자 샐러드를 듬뿍 넣고 바삭하게 튀겨낸 것이다. 반찬으로도, 간식으로도 인기가 많다!

오에도카쓰돈大江戸カツ丼

부드러운 달걀을 얹은 바삭바삭한 식감의 '오에도가쓰돈'. 매장 내 취식 메뉴 중 가장 인기 있다.

가게 안에는 맛있어 보이는 반찬들이 즐비하다. 사진은 '육수 향이 나는 두툼한 달걀말이'. 마쿠노우치 도시락幕の内弁当(연극 막간에 먹었다는 유래가 있는 기본적인 도시락)도 인기다.

야마짱라멘山ちゃんラーメン

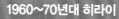

달걀프라이 조식目玉焼き朝食(메다마야키조쇼쿠)

두번째로 인기 있는 아침 정식 '달걀프라이 조식'. 아침 정식 메뉴에는 '달걀밥' '낫토' '자반고등어' 등도 있다. '야마짱라멘'은 담당자인 야마세山瀬 씨가 지은 이름이다.

1960~70년대 히라이

(왼쪽) 1968년에 문을 연 히라이 상점. (아래) 예전에는 '도시락의 히라이べんとうのヒライ(벤토노히라이)'라고 표기했다.

도시락도 인기!

단연 인기인 '수제 달걀말이 특선 마쿠노우치'. 고등어, 고로케, 멘치카쓰가 들어 있어 푸짐함도 만점!

147

비법 양념을 사용한 조슈의 명물 '도리메시'!

중후한 외관의 마에바시前橋시의 본점. 시크하고 차분한 분위기 있는 가게 안에서 요리를 즐길 수 있다. 1층에는 도시락 테이크아웃 코너도 있다.

도리헤이登利平

지역	군마, 사이타마(4개), 도치기(1개)
매장 수	31개 (식당 11개, 테이크아웃점 20개)

조슈의 명물 '도리메시'로 유명한 도리헤이는 1953년에 마에바시의 작은 음식점으로 창업했다.

창업 초기부터 메뉴에 있던 '도리시게鳥重'는 비법 양념과 얇게 썬 닭고기, 탱글탱글한 쌀밥의 조합으로 명성을 얻게 된다. 이후 도리헤이의 깊은 맛은 조슈의 명물로 불릴 정도가 되었다.

1972년에는 도시락 '조슈고요 도리메시'를 출시했다. 고기의 부드러움과 오랜 세월 이어져온 부드럽고 감칠맛 나는 양념이 조화를 이룬 일품이다. 도시락은 제조 후 네다섯 시간이 지나면 양념과 육즙이 어우러져 부드러운 맛이 난다고 한다. 테이크아웃 전문점 외에도 '도리메시시게鳥めし重' 등을 먹을 수 있는 레스토랑도 있다.

출시 당시부터 변함없는, 세로로 긴 도시락과 포장지

조슈고요 도리메시 대나무 도시락上州御用 鳥めし竹弁当
(조슈고요토리메시타케벤토)

'대나무(다케)'는 얇게 썬 닭고기에 비법 양념을 뿌린 간판 도시락이다. 세로형 상자와 조모산잔上毛三山(군마의 3대 명산)이 그려진 포장지는 출시 초기부터 변함없다.

조슈고요 도리메시 소나무 도시락
上州御用 鳥めし松弁当
(조슈고요토리메시마쓰벤토)

가라아게 도시락
から揚げ弁当(가라아게벤토)

소스카쓰 도시락
ソースかつ弁当(소스카쓰벤토)

도시락 종류도 다양하다. '도리메시 소나무(마쓰)'는 닭가슴살과 닭다릿살 두 종류의 닭고기의 맛을 즐길 수 있다.

도리아와세 정식鳥合わせ定食(도리아와세데쇼쿠)

레스토랑의 인기 메뉴 1위. 바삭한 튀김과 바삭한 치킨카쓰를 모두 맛볼 수 있다. 2위는 '조슈고요 도리메시마쓰시게上州御用 鳥めし松重'가 차지했다.

냉우동 세트冷たいうどんセット(쓰메타이우동셋토)

우동(소바)에 '도리메시'와 '소스카쓰돈' 중 하나를 선택할 수 있는 인기 세트.

도리헤이 1호점

초대 매장. 도쿄 기타센주北千住의 닭요리 전문점에서 영업권 분할로 도리헤이를 개점했다.

가쓰돈(닭)かつ丼(鳥도리)

건강한 닭고기를 사용한 '가쓰돈'. 두툼한 달걀이 바삭바삭한 가쓰돈을 감싸고 있다.

초록색 하마 마크가 새겨진
푸짐한 도시락 전문점

오렌지색 지붕에 금색 글씨, 그리고 초록색 하마. 국도변에 있는 매장에는 대형 주차장이 있다.

챠슈 도시락チャーシュー弁当(차슈벤토)

통칭 '차돈チャ─丼'은 명물이자 이 가게의 간판 메뉴다. 두툼하고 큰 챠슈가 흰 쌀밥을 덮고 있다. 그 달콤짭짤한 양념이 중독성이 있다.

도시락을 구입하면 직접 만든 미소시루를 가져갈 수 있다. 컵라멘 종류도 다양하다.

1962년 현지 광고

예전에 지바 TV에서 방영된 광고로, 수영 후 "아~ 배고프다" 하며 배고픔을 호소하는 여성과 '초록색 하마'가 등장한다.

지바

도시마야 도시락
としまや弁当(도시마야벤토)

| 지역 | 지바(이치하라 시내 4개) |
| 매장 수 | 11개(그 외 가맹점 있음) |

지바현 소데가우라袖ヶ浦를 거점으로 하는 '도시마야 도시락'은 1975년에 개업했다. 달콤짭짤한 양념의 푸짐한 '차슈 도시락'을 비롯해 비법 양념을 사용한 '전통의 맛' 메뉴는 블루칼라를 중심으로 큰 인기를 자랑한다. 어린이와 여성을 위한 메뉴, 계절 한정 메뉴 등도 풍부하며, 배달, 택배, 출장 도시락으로도 많이 이용되고 있다.

무스비 장인이 만든다!
히로시마의 명품 무스비

영계 무스비若鶏むすび(와카토리무스비)

김으로 감싼 무스비와 소금과 후추로 간을 한 영계 가라
아게가 세트 중 인기 1위 메뉴. 사장이 좋아한다는 생
양배추가 들어간다.

(위) 총본점인 도하시
土橋점은 4층 건물로
다양한 요리를 제공
한다. (왼쪽) 테이크
아웃 전문점 요코가
와横川역점.

다와라무스비俵むすび

창업 때부터 파는 메뉴인 '다와라무스비'. 비법 양념을
뿌린 조미 밥으로 여섯 가지 재료를 싸서 먹는다.

원기 우동元気うどん(켄키우동)

도하시점 등 일부 매장에서는 우동도 제공한다. 마늘과
진한 국물이 특징인 '원기 우동'은 돼지고기, 우엉, 당근
등 다양한 재료가 들어간다.

> **히로시마**

무사시むさし

지역	히로시마(히로시마 시내 8개)
매장 수	10개

1958년 창업한 무사시는 히로시마에서
높은 인지도를 자랑하는 '무스비(주먹밥)'
로 유명한 가게다. 간판 메뉴인 '다와라
무스비'와 '무스비 도시락'의 테이크아
웃 판매가 주를 이루지만, 매장 내에서
도 먹을 수 있는 곳도 있다. 사내 시험에
합격한 '무스비 장인'만이 만들 수 있는
'무사시의 무스비'는 맛도 식감도 일품
이다. 마쓰다 스타디움에서도 인기다.

조합은 2000가지 이상!
원하는 빵을 골라보세요!!

(위) 학교 급식용보다 더 크고 통통한 콧페빵. (아래) 크림 종류도 다양해서 '호박 크림' 등 독특한 맛도 있다.

이와테

후쿠다빵福田パン

지역	이와테(모리오카 시내 3개)
매장 수	4개

1948년 창업한 후쿠다빵은 모리오카 시민들에게 오랫동안 사랑받아온 동네 빵집이다. 학교 건물로 착각할 만한 외관의 본점에는 긴 카운터가 있고, 가게 안의 분위기도 마치 학교 급식실 같다.

칠판을 본뜬 가로로 긴 보드에는 메뉴가 빼곡하다. 디저트부터 반찬류까지 50가지가 넘는 재료 중 원하는 것을 고르면 즉석에서 한두 가지 크림을 콧페빵에 발라주는 방식이다. 간판 메뉴는 '앙버터'로, 주문의 30%를 차지할 정도로 인기가 높다.

재료와 크림의 조합은 무려 2000가지가 넘는데, 매일 먹어도 질리지 않을 정도로 다양하다.

앙버터あんバター（앙바타）

40여 년 전, 현 사장의 어머니가 단품으로 주문한 단팥과 버터를 실수로 함께 발라버린 것이 계기가 되어 탄생한 메뉴다.

땅콩 버터
ピーナツバター（피나쓰바타）

잼 버터
ジャムバター（자무바타）

말차 팥앙금
まっ茶あん（맛차앙）

쿠키 & 바닐라
クッキー＆バニラ（쿳키&바니라）

두번째 인기 메뉴는 안정적인 '땅콩 버터'와 '잼 버터'이다. 빵에 말차 크림을 사용한 것은 이 가게가 처음이라고 한다. 쿠키도 맛있다.

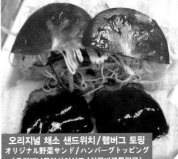

오리지널 채소 샌드위치 / 햄버그 토핑
オリジナル野菜サンド / ハンバーグトッピング
（오리지나루야사이산도 / 하무바구톳핑구）

채소가 듬뿍 들어간 건강한 메뉴. '노멀'로도 양이 꽤 되지만, 햄버그나 가쓰 등을 추가하면 남자도 한 개로 충분히 만족할 수 있다.

창업자는 미야자와 겐지의 제자

1950년대, 임시매장이던 시절의 후쿠다빵. 창업자 후쿠다 유키치福田留吉는 미야자와 겐지宮沢賢治의 제자로, 전쟁 전 일본 최첨단의 발효 연구를 거듭했다.

밀가루는 노포의 현지산

빵의 밀가루는 초창기부터 현 시의 '(특)홈런'을 사용. 풍미와 식감이 좋다.

153

풍부한 PB 상품과 매장 내 조리도 인기
도민이 자랑하는 편의점 체인!

매장 내 주방에서 만들어
따뜻한 상태로 판매!

세이코마트의 홋카이도 내 인구 커버율은 무려 99% 이상. 인구가 적은 지역이나 외딴 섬에도 있어 지역의 생명선 역할도 하고 있다.

1994년에 1호점의 매장 내 조리가 시작되었다. 현재 '핫셰프ホットシェフ(홋토셰후)'가 있는 점포는 930개 이상이며, 홋카이도에서 가장 인기있는 '가쓰돈'도 매장에서 직접 만들기 때문에 가능한 맛이다.

홋카이도

세이코마트
セイコーマート(세이코마토)

지역	홋카이도를 중심으로 이바라키, 사이타마
매장 수	약 1200개

1971년 삿포로에 1호점을 오픈한 세이코마트. 이후 홋카이도 내에서 가장 많은 매장 수를 자랑하며 현재 홋카이도 179개 지역 중 174개에 자리 잡고 있다. 홋카이도민에게 편의점 하면 세이코마트를 떠올릴 정도로 친숙한 존재다.

홋카이도 브랜드의 PB 상품도 다수 개발했다. 홋카이도다운 상품 만들기를 모토로 삼고 있으며, '야마와사비 시오라멘 카이' 등 전국적으로 화제가 된 상품도 탄생했다.

매장에서 직접 조리하는 '핫셰프(HOT CHEF)'도 인기가 높으며, '홋카이도산 감자튀김' 등 오리지널 메뉴도 풍부하다. 세이코마트에서만 맛볼 수 있는 음식들을 즐길 수 있다.

HOT CHEF 가쓰돈カツ丼

HOT CHEF 홋카이도산 감자튀김
道産ポテトのフライ(도산포테토노후라이)

HOT CHEF 큰 오니기리
大きなおにぎり(오키나오니기리)/명란たらこ(다라코)

HOT CHEF 프라이드치킨
フライドチキン(후라이도치킨)

가게에서 조리한 밥. 치킨은 가루를 묻히는 것부터 가게에서 한다. 홋카이도산 감자는 포슬포슬한 식감이어서 맛있다!

Secoma 치킨 듬뿍 페페론치노
チキンたっぷりペペロンチーノ
(치킨탓푸리페페론치노)

인기 있는 파스타 시리즈와 독창적인 양념으로 유명한 '징기스칸 도시락'이 인기다.

세코마 야마와사비 시오라멘 카이
山わさび塩ラーメン改

홋카이도에서 자주 쓰이는 양념인 '야마와사비' 맛으로 큰 인기를 끌었다. '먹는 최루가스'라는 별명도 있다.

HOT CHEF 징기스칸 도시락
ジンギスカン弁当(징기스칸벤토)

※ 일정 기간만 판매

세이코마트 1호점

(오른쪽) 1971년 삿포로 기타구北区에 1호점이 탄생. (왼쪽) '오렌지 타입'이라고 불리는 매장.

독자적인 문화!
미국식 오키나와 체인 3선

1972년 일본 반환 이후 지금도 류큐 문화와 미국식 독자적인 문화가 공존하고 있는 오키나와. 여기서는 현지인뿐만 아니라 관광객들에게도 인기 있는 오키나와의 미국식 체인 세 곳을 골랐다. 본고장 아메리칸 스테이크 전문점 '스테이크 하우스 88', 미국식 드라이브인을 체험할 수 있는 버거 체인점 A&W, Jef를 소개한다.

붉은 고기의 왕!
볼륨감 넘치는 스테이크 1위 인기 메뉴

안심 스테이크
テンダーロインステーキ(텐다로인스테키)

오키나와 스테이크의 꽃이라 할 수 있는 추천 메뉴. 담백한 살코기 안심 부위를 사용했다. 오키나와 사람들이 좋아하는 부드러운 고기를 구운 최상의 스테이크.

특상급 등심 스테이크
特上サーロインステーキ(토쿠조 사로인스테키)

노포 스테이크 하우스에서 아메리칸 스테이크!

스테이크 하우스 88

매장 수 10개(남부 6, 중부 2, 북부 1, 이시가키지마 1)

네온사인이 빛나는 외관. (위) 1960년대의 옛 미국을 재현한 차탄北谷점 내부는 아메리칸 다이너와 카바레를 연상케 한다.

오키나와에서 사랑받는 진한 하얀 수프

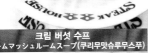

크림 버섯 수프
クリームマッシュルームスープ(쿠리무맛슈루무스푸)

소뼈에서 정성껏 우려낸 진한 크림 버섯 수프. 관광객에게도 큰 인기.

가쓰카레カツカレー

옛날식 노란 카레. 직접 만든 오리지널 카레에는 고기도 듬뿍 들어 있다.

수제 타코스는 다진 고기에 토르티야 소스를 듬뿍 넣었다. 스테이크와 함께 먹기에도 추천하는 일품. **타코스タコス**

스테이크에는 수프, 샐러드, 밥 또는 토스트가 함께 제공된다. 토핑 메뉴도 다양하다.

'88'이라는 이름의 유래

1950년대, 미국의 유명 레스토랑의 이름을 딴 음식점 'CLUB 88'이 개업했다. 그 '88'이 뿌리다.

1970년대의 CLUB 88.

부담 없이 스테이크를

아메리칸 스테이크를 더욱 부담 없이 즐길 수 있는 '스테이크 하우스 88 주니어Jr'도 운영하고 있다.

오키나와 스테이크 하우스의 전통을 자랑하는 '스테이크 하우스 88'은 1978년 나하那覇의 쓰지辻 지역에 본점을 오픈했다. 이후 매장 수를 늘려 지금은 오키나와 스테이크를 대표하는 가게로 성장했다.

구로게와규黑毛和牛와 안심 등 고기 종류가 풍부해 본점에는 스테이크 메뉴만 20종류 이상이다. 엄선된 고기는 양도 만점이다. 미국식 분위기의 널찍한 가게에서 본고장 미국식 스테이크를 저렴하게 즐길 수 있어, 오키나와 문화의 '회식 후 마무리 스테이크'로도 인기가 높다.

스테이크 외에도 타코스, 타코라이스, A런치(새우튀김, 돈가스, 베이컨, 달걀말이 등 여러 가지 음식이 한 접시에 나온다) 등 오키나와의 소울푸드를 맛볼 수 있는 것도 장점이다.

넓은 잔디밭에는 화려한 파라솔 좌석이 있고, 미국식 대형 간판이 있는 마키미나토牧港점.

그야말로 아메리칸!
오키나와 버거 "엔더"

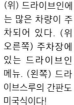

(위) 드라이브인에는 많은 차량이 주차되어 있다. (위 오른쪽) 주차장에 있는 드라이브인 메뉴. (왼쪽) 드라이브스루의 간판도 미국식이다!

A&W
(에이안도다부류)

매장 수 23개 (중부 11, 남부 7, 북부 2, 주변 섬 지역 3)

오키나와 햄버거의 대명사인 A&W는 1963년 1호점인 야기바루屋宜原점이 오픈했다. 오키나와의 본토 복귀 이후 오키나와 현내 한정 패스트푸드 체인으로 매장 수를 늘려 지금은 현지인들에게 '엔더'라는 애칭으로 사랑받고 있다.

미국 콘셉트의 가게이며, 차에 탄 채로 주문하고 그대로 차 안에서 음식을 먹을 수 있는 '드라이브인'을 체험할 수 있는 매장도 있다. 햄버거와 음료 등의 메뉴도 미국적인 맛으로 즐길 수 있다. 그중에서도 '루트비어'는 허브와 약초를 원료로 한, A&W가 자랑하는 명물 음료다. 햄버거와의 궁합도 뛰어나며, 매장에서 먹을 때는 리필도 무료다.

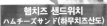

빅 사이즈에 육즙이! 스페셜한 버거

햄치즈 샌드위치 ハムチーズサンド(하무치즈산도)

A&W 버거バーガー(바가)

모차버거モッツァバーガー(못차바가)

'햄치즈 샌드위치'는 이 지역에서 가장 인기 있는 샌드위치다. 'A&W 버거'는 크림치즈와 페퍼포크가 잘 어울린다!

신선한 채소와 토마토 두 장, 그리고 패티와 모차렐라 소스가 어우러져 정말 맛있다.

루트비어ルートビア(루토비아)

상쾌함과 크리미한 거품으로 인기. 아이스크림을 띄우고 마셔도 맛있다. '비어'지만 무알코올이다.

컬리프라이カーリーフライ(카리후라이)

구불구불한 모양도 독특한 감자튀김. 약간 매콤한 맛이 중독성이 있다.

1970~80년대 매장 풍경 & 옛 로고

1973년 오키나와 미쓰코시三越점 오픈 당시 간판에는 '루트비어와 햄버거가 맛있는 가게'라는 안내 문구가 적혀 있다. (오른쪽 위) 1972년 무렵의 메뉴.

1973년 오키나와 미쓰코시점

1973년 마키미나토점

1980년대 국제거리国際(고쿠사이)점

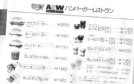

1950년

1958년

1970년

인기 1위의 버거!
볼륨감 만점!!

콩가루 아게빵 きな粉あげパン (기나코아게빵)

흑당 아게빵 黒糖あげパン (고쿠토아게빵)

누야루버거ぬーやるバーガー

오키나와 특산물인 여주로 만든 패티와 돼지고기 런천미트, 슬라이스 치즈를 참깨 번으로 샌드하고 마요네즈를 더한 절묘한 맛이다. 폭신폭신한 식감의 '아게빵'(살짝 튀겨 바삭하게 만든 콧페빵)은 인기 2위.

매장에는 큰 글씨로 'Jef'라는 이름을 표시. 사진은 위가 요나바루与那原점, 아래가 선라이즈 나하점.

오키나와에서 나고 자란 유일무이한 버거!

Jef (제프)

매장 수	3개 (요나바루, 도미구스쿠, 나하)

Jef는 1973년 요나바루초与那原町에 프랜차이즈 패스트푸드 1호점을 오픈했다. 이후 Jef로 독립. 오리지널 메뉴도 고집하여 1993년에는 여주를 달걀로 버무려 만든 패티를 빵 사이에 끼운 '고야(여주) 버거'를 개발했다. 2년 후에는 여기에 돼지고기 런천미트를 추가한 '누야루 버거'(누야루는 오키나와 사투리로 '무엇인가?'라는 뜻)도 탄생했다. 이 두 가지 버거는 이제 제프를 대표하는 간판 메뉴가 되었다. 그 외에도 '고야링'이나 '아게빵' 등 독특한 명물 메뉴도 많다. 오키나와에서 나고 자란 패스트푸드로서 현지인은 물론 관광객에게도 인기 있는 가게이다.

'고야링'과 격자 모양으로 자른 '쿠키 포테이토' 등 각종 튀김도 인기다.

쿠키 포테이토クッキーポテト

고야링ゴーヤーリング

미니버거ミニバーガー
어린이를 위해 탄생한 미니 사이즈로, 세 가지 맛으로 구성되어 있으며, 세 개가 보통 버거 한 개 분량이다.

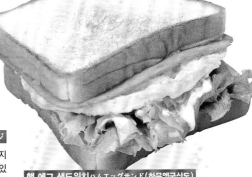

제프 오렌지ジェフオレンジ
오리지널 오렌지 맛이 가장 인기 있는 음료다. 기간 한정으로 여주 주스나 소다도 있다.

햄 에그 샌드위치ハムエッグサンド(하무엣구산도)
철판에서 구운 달걀말이와 햄, 신선한 양상추에 특제 마요네즈까지 뿌려 빵에 끼워 먹는 스테디셀러.

드라이브인 주문 시스템

차에 탄 채로 주문하고 그 자리에서 바로 먹을 수 있는 '드라이브인 주문 시스템'은 오픈 당시부터 실시했다. (오른쪽) 지금은 없는 메뉴인 점보 포크 텐더로인.

맛집 체인 리스트

이 책에서 소개한 맛집 체인을 도도부현별로 정리했습니다.(지역과 업체 이름은 가나다순)

	업체명	쪽수	대표 메뉴	홈페이지
가가와 香川	사카에다우동 さか枝うどん	109	우동	인스타그램 @sakaedaudon
	차이나하우스 스케로쿠 チャイナハウスすけろく	46	중식(교자, 라멘)	http://www.sukeroku.co.jp/
가고시마 鹿児島	가고시마 교자노오쇼 鹿児島 餃子の王将	56	중식(교자 등)	https://kagoshima-ohsho.jp/
	스케상우동資さんうどん	136	우동	https://www.sukesanudon.com/
	웨스트ウエスト	134	우동	https://www.shop-west.jp/
가나가와 神奈川	고미핫친五味八珍	51	중식(교자, 라멘)	http://www.gomihattin.co.jp/
	고히야 OB珈琲屋 OB	82	초대형 음료, 간단한 식사	https://coffee-ob.com/
	교자노만슈 ぎょうざの満洲	54	중식(교자 등)	https://www.mansyu.co.jp/
	기요켄崎陽軒	30	도시락, 시우마이	https://kiyoken.com/
	미나토안味奈登庵	122	소바, 덴푸라, 돈부리	https://minatoan.com/
	소후렌夫恋	130	야키소바	https://sofuren.com/
	야마다 우동 식당 山田うどん食堂	14	우동, 돈부리	https://www.yamada-udon.co.jp/
	원조 뉴탄탄멘혼포元祖ニュータ ンタンメン本舗	132	탄탄멘	https://new-tantan.jp/
	잇파쓰라멘 壱発ラーメン	102	라멘	https://ippatsu.co.jp/
	후지소바富士そば	86	소바, 우동, 카레	https://fujisoba.co.jp/
	히다카야日高屋	50	중식(교자, 라멘)	https://hidakaya.hiday.co.jp/
고치 高知	구이신보키사라기 くいしんぼ如月	144	도시락	http://www.nanban-tabetai.jp/
	아지센라멘 味千ラーメン	100	라멘	https://www.ajisenramen.ca/
	오미짬뽕테이 近江ちゃんぽん亭	73	짬뽕	https://chanpontei.com/
교토 京都	551호라이551HORAI	26	부타만, 슈마이, 딤섬	https://www.551horai.co.jp/
	사이카라멘彩華ラーメン	94	라멘	https://www.saikaramen.com/
	소후렌夫恋	130	야키소바	https://sofuren.com/
	스가키야スガキヤ	10	라멘, 소프트아이스크림	https://www.sugakico.co.jp/
	오미짬뽕테이 近江ちゃんぽん亭	73	짬뽕	https://chanpontei.com/
	챔피언 카레チャンピオンカレー	69	카레	https://chancurry.com/
구마모토 熊本	난푸喃風	64	오코노미야키	https://nanpuu.co.jp/
	소후렌夫恋	130	야키소바	https://sofuren.com/
	스케상우동資さんうどん	136	우동	https://www.sukesanudon.com/
	아지센라멘味千ラーメン	100	라멘	https://www.ajisenramen.ca/
	웨스트ウエスト	134	우동	https://www.shop-west.jp/
	이데짬뽕井手ちゃんぽん	72	짬뽕	https://ide-chanpon.co.jp/
	히라이ヒライ	146	도시락, 반찬 등	https://www.hirai-wa.com/

	업체명	쪽수	대표 메뉴	홈페이지
군마 群馬	교자노만슈 ぎょうざの満洲	54	중식(교자 등)	https://www.mansyu.co.jp/
	도리헤이登利平	148	도시락	
	야마다 우동 식당 山田うどん食堂	14	우동, 돈부리	https://www.yamada-udon.co.jp/
	플라잉 가든 フライングガーデン	22	패밀리 레스토랑 (햄버그)	http://www.fgarden.co.jp/
	히다카야日高屋	50	중식(교자, 라멘)	https://hidakaya.hiday.co.jp/
기후 岐阜	기후 하쓰즈시 ぎふ初寿司	44	일식(초밥)	https://www.hatsuzushi.com/
	산콕サンコック	48	중식	https://sancock.jp/
	스가키야 スガキヤ	10	라멘, 소프트아이스크림	https://www.sugakico.co.jp/
	신쿄新京	104	중식(라멘)	http://www.k-betokon.com/
	오미짬뽕테이 近江ちゃんぽん亭	73	짬뽕	https://chanpontei.com/
나가노 長野	고히야 OB珈琲屋 OB	82	초대형 음료, 간단한 식사	https://coffee-ob.com/
	모두의 덴호 みんなのテンホウ	92	라멘, 교자	https://tenhoo.jp/
	원조 뉴탄탄멘혼포元祖ニ ュータンタンメン本舗	132	탄탄멘	https://new-tantan.jp/
	챔피언 카레 チャンピオンカレー	69	카레	https://chancurry.com/
나가사키 長崎	마키노우동牧のうどん	138	우동	https://www.makinoudon.jp/
	스케상우동資さんうどん	136	우동	https://www.sukesanudon.com/
	웨스트ウエスト	134	우동	https://www.shop-west.jp/
	이데짬뽕 井手ちゃんぽん	72	짬뽕	https://ide-chanpon.co.jp/
나라 奈良	551호라이 551HORAI	26	부타만, 슈마이, 딤섬	https://www.551horai.co.jp/
	난푸喃風	64	오코노미야키	https://nanpuu.co.jp/
	사이카라멘 彩華ラーメン	94	라멘	https://www.saikaramen.com/
니가타 新潟	미카즈키みかづき	128	이탈리안, 소프트아이스크림	https://www.mikazuki-italian.com/
	프렌드 フレンド	126	이탈리안, 교자, 소프트아이 스크림	https://www.e-friend.co.jp/
도야마 富山	챔피언 카레 チャンピオンカレー	69	카레	https://chancurry.com/
도치기 栃木	도리헤이登利平	148	도시락	
	반도타로 ばんどう太郎	36	일식(소바, 우동, 스시)	http://bandotaro.co.jp/
	야마다 우동 식당 山田うどん食堂	14	우동, 돈부리	https://www.yamada-udon.co.jp/
	우쓰노미야 민민 宇都宮みんみん	52	중식(교자)	https://www.minmin.co.jp/
	일본식 레스토랑 마루마쓰 和風レストラン まるまつ	40	일식(소바, 돈부리 등)	http://www.re-marumatu.co.jp/marumatsu/
	플라잉 가든 フライングガーデン	22	패밀리 레스토랑(햄버그)	http://www.fgarden.co.jp/
	히다카야日高屋	50	중식(교자, 라멘)	https://hidakaya.hiday.co.jp/

	업체명	쪽수	대표 메뉴	홈페이지
도쿄 東京	고히야 OB珈琲屋 OB	82	초대형 음료, 간단한 식사	https://coffee-ob.com/
	교자노만슈ぎょうざの満洲	54	중식(교자 등)	https://www.mansyu.co.jp/
	기요켄崎陽軒	30	도시락, 시우마이	https://kiyoken.com/
	난푸喃風	64	오코노미야키	https://nanpuu.co.jp/
	돈돈どんどん	114	우동	https://www.s-dondon.co.jp/
	소후렌想夫恋	130	야키소바	https://sofuren.com/
	야마다 우동 식당 山田うどん食堂	14	우동, 돈부리	https://www.yamada-udon.co.jp/
	원조 뉴탄탄멘혼포元祖ニュータ ンタンメン本舗	132	탄탄멘	https://new-tantan.jp/
	웨스트우에스トウエスト	134	우동	https://www.shop-west.jp/
	잇파쓰라멘壱発ラーメン	102	라멘	https://ippatsu.co.jp/
	조메이우동長命うどん	108	우동	https://www.chomeiudonhonten.co.jp/
	챔피언 카레チャンピオンカレー	69	카레	https://chancurry.jp/
	하카타텐진博多天神	90	라멘	http://hakatatenjin.g2.xrea.com/
	히다카야日高屋	50	중식(교자, 라멘)	https://hidakaya.hiday.co.jp/
돗토리 鳥取	회전초밥 홋카이도 回転すし 北海道	42	일식(스시)	https://sushibenkei.co.jp/
미야기 宮城	난부야시키南部家敷	38	일식(소바)	https://www.nanbuyashiki.jp/
	원조 뉴탄탄멘혼포元祖ニュータ ンタンメン本舗	132	탄탄멘	https://new-tantan.jp/
	일본식 레스토랑 마루마쓰 和風レストラン まるまつ	40	일식(소바, 돈부리 등)	http://www.re-marumatu.co.jp/marumatsu/
미야자키 宮崎	빗쿠리테이 혼케 びっくり亭本家	60	야키니쿠	https://www.bikkuritei-honke.com/
	스케상우동資さんうどん	136	우동	https://www.sukesanudon.com/
미에 三重	스가키야スガキヤ	10	라멘, 소프트아이스크림	https://www.sugakico.co.jp/
	야마모토야혼텐 山本屋本店	106	우동	https://yamamotoyahonten.co.jp/
	오니기리의 모모타로 おにぎりの桃太郎	142	오니기리	https://onigiri-momotaro.jp/
	잇쇼빈一升びん	58	야키니쿠	https://www.isshobin.com/
사가 佐賀	드라이브인 도리 ドライブイン鳥	76	야키토리	https://www.drivein-tori.jp/
	마키노우동牧のうどん	138	우동	https://www.makinoudon.jp/
	소후렌想夫恋	130	야키소바	https://sofuren.com/
	스케상우동資さんうどん	136	우동	https://www.sukesanudon.com/
	웨스트우에스トウエスト	134	우동	https://www.shop-west.jp/
	이데짬뽕井手ちゃんぽん	72	짬뽕	https://ide-chanpon.co.jp/
	히라이ヒライ	146	도시락, 반찬 등	https://www.hirai-wa.com/
사이타마 埼玉	고히야 OB珈琲屋 OB	82	초대형 음료, 간단한 식사	https://coffee-ob.com/
	교자노만슈 ぎょうざの満洲	54	중식(교자 등)	https://www.mansyu.co.jp/
	기요켄崎陽軒	30	도시락, 시우마이	https://kiyoken.com/
	닌타마라멘 にんたまラーメン	96	라멘	https://unirose.net/
	도리헤이登利平	148	도시락	
	반도타로ばんどう太郎	36	일식(소바, 우동, 스시)	http://bandotaro.co.jp/

	업체명	쪽수	대표 메뉴	홈페이지
사이타마 埼玉	세이코마트セイコーマート	154	편의점	https://www.seicomart.co.jp/
	야마다 우동 식당 山田うどん食堂	14	우동, 돈부리	https://www.yamada-udon.co.jp/
	원조 뉴탄탄멘혼포元祖ニュータ ンタンメン本舗	132	탄탄멘	https://new-tantan.jp/
	플라잉 가든 フライングガーデン	22	패밀리 레스토랑(햄버 그)	http://www.fgarden.co.jp/
	후지소바富士そば	86	소바, 우동, 카레	https://fujisoba.co.jp/
	후쿠신福しん	88	중식(라멘)	https://fuku-sin.co.jp/
	히다카야日高屋	50	중식(교자, 라멘)	https://hidakaya.hiday.co.jp/
시가 滋賀	551호라이551HORAI	26	부타만, 슈마이, 딤섬	https://www.551horai.co.jp/
	난푸喃風	64	오코노미야키	https://nanpuu.co.jp/
	스가키야スガキヤ	10	라멘, 소프트아이스크림	https://www.sugakico.co.jp/
	오미짬뽕테이 近江ちゃんぽん亭	73	짬뽕	https://chanpontei.com/
시마네 島根	나가사키찬멘 長崎ちゃんめん	70	짬뽕	https://ys-holdings.co.jp/nagasakichanmen/
	도쿠가와徳川	62	오코노미야키	http://www.tokugawa.jp/web/index.html
	돈돈どんどん	114	우동	https://www.s-dondon.co.jp/
	회전초밥 홋카이도 回転すし 北海道	42	일식(스시)	https://sushibenkei.co.jp/
시즈오카 静岡	고미핫친五味八珍	51	중식(교자, 라멘)	http://www.gomihattin.co.jp/
	기요켄崎陽軒	30	도시락, 시우마이	https://kiyoken.com/
	스가키야スガキヤ	10	라멘, 소프트아이스크림	https://www.sugakico.co.jp/
	아지센라멘味千ラーメン	100	라멘	https://www.ajisenramen.ca/
	오미짬뽕테이 近江ちゃんぽん亭	73	짬뽕	https://chanpontei.com/
	파스타야 잇초메 パスタ屋一丁目	78	파스타	https://www.1cho-me.jp/pasta-ya/
아오모리 青森	겐짱라멘 ケンちゃんラーメン	105	라멘	https://81sta.jp/
	일본식 레스토랑 마루마쓰 和風レストラン まるまつ	40	일식(소바, 돈부리 등)	http://www.re-marumatu.co.jp/marumatsu/
아이치 愛知	고미핫친五味八珍	51	중식(교자, 라멘)	http://www.gomihattin.co.jp/
	기후 하쓰즈시ぎふ初寿司	44	일식(초밥)	https://www.hatsuzushi.com/
	미센味仙	98	라멘	https://www.misen.ne.jp/
	사이카라멘彩華ラーメン	94	라멘	https://www.saikaramen.com/
	소후렌想夫恋	130	야키소바	https://sofuren.com/
	스가키야スガキヤ	10	라멘, 소프트아이스크림	https://www.sugakico.co.jp/
	스파겟데이 차오 スパゲッ亭チャオ	124	파스타	https://ogi-ya.co.jp/restaurant/
	신쿄新京	104	중식(라멘)	http://www.k-betokon.com/
	야마모토야혼텐山本屋本店	106	우동	https://yamamotoyahonten.co.jp/
	오미짬뽕테이 近江ちゃんぽん亭	73	짬뽕	https://chanpontei.com/
	이데짬뽕井手ちゃんぽん	72	짬뽕	https://ide-chanpon.co.jp/
	잇쇼빈一升びん	58	야키니쿠	https://www.isshobin.com/
	조메이우동長命うどん	108	우동	https://www.chomeiudonhonten.co.jp/
	챔피언 카레チャンピオンカレー	69	카레	https://chancurry.com/

	업체명	쪽수	대표 메뉴	홈페이지
아키타 秋田	겐짱라멘 ケンちゃんラーメン	105	라멘	https://81sta.jp/
	난부야시키南部家敷	38	일식(소바)	https://www.nanbuyashiki.jp/
	일본식 레스토랑 마루마쓰 和風レストラン まるまつ	40	일식(소바, 돈부리 등)	http://www.re-marumatu.co.jp/marumatsu/
야마가타 山形	겐짱라멘 ケンちゃんラーメン	105	라멘	https://81sta.jp/
	일본식 레스토랑 마루마쓰 和風レストラン まるまつ	40	일식(소바, 돈부리 등)	http://www.re-marumatu.co.jp/marumatsu/
야마구치 山口	나가사키찬멘 長崎ちゃんめん	70	짬뽕	https://ys-holdings.co.jp/nagasakichanmen/
	도쿠가와德川	62	오코노미야키	http://www.tokugawa.jp/web/index.html
	돈돈どんどん	114	우동	https://www.s-dondon.co.jp/
	스케상우동資さんうどん	136	우동	https://www.sukesanudon.com/
야마나시 山梨	고미핫친 五味八珍	51	중식(교자, 라멘)	http://www.gomihattin.co.jp/
에히메 愛媛	다이스케우동 大介うどん	110	우동	
	도쿠가와德川	62	오코노미야키	http://www.tokugawa.jp/web/index.html
	소바키치そば吉	120	소바	https://sobakichi.jp/
	아지센라멘味千ラーメン	100	라멘	https://www.ajisenramen.ca/
	차이나하우스 스케로쿠 チャイナハウスすけろく	46	중식(교자, 라멘)	http://www.sukeroku.co.jp/
오사카 大阪	551 호라이551HORAI	26	부타만, 슈마이, 딤섬	https://www.551horai.co.jp/
	교자노만슈 ぎょうざの満洲	54	중식(교자 등)	https://www.mansyu.co.jp/
	난푸喃風	64	오코노미야키	https://nanpuu.co.jp/
	닌타마라멘 にんたまラーメン	96	라멘	https://unirose.net/
	다코야키도라쿠 와나카 たこ焼道楽 わなか	80	다코야키	http://takoyaki-wanaka.com/
	미센味仙	98	라멘	https://www.misen.ne.jp/
	사이카라멘彩華ラーメン	94	라멘	https://www.saikaramen.com/
	스가키야スガキヤ	10	라멘, 소프트아이스크림	https://www.sugakico.co.jp/
	스케상우동資さんうどん	136	우동	https://www.sukesanudon.com/
	신쿄新京	104	중식(라멘)	http://www.k-betokon.com/
	아지센라멘味千ラーメン	100	라멘	https://www.ajisenramen.ca/
	오미짬뽕테이 近江ちゃんぽん亭	73	짬뽕	https://chanpontei.com/
오이타 大分	나루토우동鳴門うどん	116	우동, 돈부리	https://kfs-naruto.com
	소후렌想夫恋	130	야키소바	https://sofuren.com/
	스케상우동資さんうどん	136	우동	https://www.sukesanudon.com/
	아지센라멘味千ラーメン	100	라멘	https://www.ajisenramen.ca/
	웨스트웨스트	134	우동	https://www.shop-west.jp/
	이데짬뽕井手ちゃんぽん	72	짬뽕	https://ide-chanpon.co.jp/
	히라이ヒライ	146	도시락, 반찬 등	https://www.hirai-wa.com/
오카야마 岡山	나가사키찬멘 長崎ちゃんめん	70	짬뽕	https://ys-holdings.co.jp/nagasakichanmen/
	돈돈どんどん	114	우동	https://www.s-dondon.co.jp/

	업체명	쪽수	대표 메뉴	홈페이지
오카야마 岡山	스케상우동資さんうどん	136	우동	https://www.sukesanudon.com/
	신쿄新京	104	중식(라멘)	http://www.k-betokon.com/
오키나와 沖縄	A&W	158	버거	https://awrestaurants.com/
	Jef(제프)	160	버거	https://jefokinawa.co.jp/
	스테이크 하우스 88	156	스테이크, 타코라이스 등	https://s88.co.jp/
	아지센라멘 味千ラーメン	100	라멘	https://www.ajisenramen.ca/
와카야마 和歌山	551호라이551HORAI	26	부타만, 슈마이, 딤섬	https://www.551horai.co.jp/
	그린코너グリーンコーナー	74	라멘, 소프트아이스크림	http://gyokurin-en.co.jp/
이바라키 茨城	겐짱라멘 ケンちゃんラーメン	105	라멘	https://81sta.jp/
	닌타마라멘 にんたまラーメン	96	라멘	https://unirose.net/
	반도타로 ばんどう太郎	36	일식(소바, 우동, 스시)	http://bandotaro.co.jp/
	세이코마트 セイコーマート	154	편의점	https://www.seicomart.co.jp/
	야마다 우동 식당 山田うどん食堂	14	우동, 돈부리	https://www.yamada-udon.co.jp/
	플라잉 가든 フライングガーデン	22	패밀리 레스토랑(햄버그)	http://www.fgarden.co.jp/
	히다카야日高屋	50	중식(교자, 라멘)	https://hidakaya.hiday.co.jp/
이시카와 石川	닌타마라멘 にんたまラーメン	96	라멘	https://unirose.net/
	오미짬뽕테이 近江ちゃんぽん亭	73	짬뽕	https://chanpontei.com/
	챔피언 카레 チャンピオンカレー	69	카레	https://chancurry.com/
이와테 岩手	난부야시키南部家敷	38	일식(소바)	https://www.nanbuyashiki.jp/
	닌타마라멘 にんたまラーメン	96	라멘	https://unirose.net/
	일본식 레스토랑 마루마쓰 和風レストラン まるまつ	40	일식(소바, 돈부리 등)	http://www.re-marumatu.co.jp/marumatsu/
	후쿠다빵福田パン	152	빵	
지바 千葉	고히야 OB珈琲屋 OB	82	초대형 음료, 간단한 식사	https://coffee-ob.com/
	기요켄崎陽軒	30	도시락, 시우마이	https://kiyoken.com/
	난푸喃風	64	오코노미야키	https://nanpuu.co.jp/
	닌타마라멘 にんたまラーメン	96	라멘	https://unirose.net/
	도시마야 도시락 としまや弁当	150	도시락	http://toshimayabentou.jp/
	반도타로ばんどう太郎	36	일식(소바, 우동, 스시)	http://bandotaro.co.jp/
	야마다 우동 식당 山田うどん食堂	14	우동, 돈부리	https://www.yamada-udon.co.jp/
	원조 뉴탄탄멘혼포元祖ニ ュータンタンメン本舗	132	탄탄멘	https://new-tantan.jp/
	웨스트ウエスト	134	우동	https://www.shop-west.jp/
	플라잉 가든 フライングガーデン	22	패밀리 레스토랑(햄버그)	http://www.fgarden.co.jp/
	후지소바富士そば	86	소바, 우동, 카레	https://fujisoba.co.jp/
	히다카야日高屋	50	중식(교자, 라멘)	https://hidakaya.hiday.co.jp/

	업체명	쪽수	대표 메뉴	홈페이지
홋카이도 北海道	다코야키도라쿠 와나카たこ焼道楽 わなか	80	다코야키	http://takoyaki-wanaka.com/
	러키 피에로ラッキーピエロ	18	버거	https://luckypierrot.jp/
	미요시노みよしの	66	교자, 카레	https://miyoshino-sapporo.jp/
	세이코마트セイコーマート	154	편의점	https://www.seicomart.co.jp/
	아지센라멘味千ラーメン	100	라멘	https://www.ajisenramen.ca/
	챔피언 카레チャンピオンカレー	69	카레	https://chancurry.com/
	카레숍 인데안 カレーショップ インデアン	68	카레	https://www.indiancurry.jp/
효고 兵庫	551호라이551HORAI	26	부타만, 슈마이, 딤섬	https://www.551horai.co.jp/
	고히야 OB珈琲屋 OB	82	초대형 음료, 간단한 식사	https://coffee-ob.jp/
	교자노만슈ぎょうざの満洲	54	중식(교자 등)	https://www.mansyu.co.jp/
	나가사키찬멘 長崎ちゃんめん	70	짬뽕	https://ys-holdings.co.jp/nagasakichanmen/
	난푸喃風	64	오코노미야키	https://nanpuu.co.jp/
	스가키야スガキヤ	10	라멘, 소프트아이스크림	https://www.sugakico.co.jp/
	스케상우동資さんうどん	136	우동	https://www.sukesanudon.com/
	스파겟테이 차오 スパゲッ亭チャオ	124	파스타	https://ogi-ya.co.jp/restaurant/
	오미짬뽕테이 近江ちゃんぽん亭	73	짬뽕	https://chanpontei.com/
	챔피언 카레チャンピオンカレー	69	카레	https://chancurry.com/
후쿠시마 福島	일본식 레스토랑 마루마쓰 和風レストラン まるまつ	40	일식(소바, 돈부리 등)	http://www.re-marumatu.co.jp/marumatsu/
후쿠오카 福岡	다코야키도라쿠 와나카 たこ焼道楽 わなか	80	다코야키	http://takoyaki-wanaka.com/
	덴푸라도코로 히라오 天麩羅処 ひらお	41	일식(덴푸라)	https://www.hirao-foods.net/
	드라이브인 도리 ドライブイン鳥	76	야키토리	https://drivein-tori.jp/
	마키노우동牧のうどん	138	우동	https://www.makinoudon.jp/
	빗쿠리테이 혼케 びっくり亭本家	60	야키니쿠	https://www.bikkuritei-honke.com/
	소후렌想夫恋	130	야키소바	https://sofuren.com/
	스케상우동資さんうどん	136	우동	https://www.sukesanudon.com/
	웨스트ウエスト	134	우동	https://www.shop-west.jp/
	이데짬뽕井手ちゃんぽん	72	짬뽕	https://ide-chanpon.co.jp/
	챔피언 카레チャンピオンカレー	69	카레	https://chancurry.com/
	히라이ヒライ	146	도시락, 반찬 등	https://hirai-wa.com/
후쿠이 福井	에치젠쓰루키소바 越前つるきそば	118	소바	https://www.echizen-tsurukisoba.com/
히로시마 広島	나가사키찬멘長崎ちゃんめん	70	짬뽕	https://ys-holdings.co.jp/nagasakichanmen/
	도쿠가와德川	62	오코노미야키	http://www.tokugawa.jp/web/index.html
	돈돈どんどん	114	우동	https://www.s-dondon.co.jp/
	무사시むさし	151	무스비, 도시락	http://www.musubi-musashi.co.jp/
	소바키치そば吉	120	소바	https://sobakichi.jp/
	아지센라멘味千ラーメン	100	라멘	https://www.ajisenramen.ca/
	오미짬뽕테이近江ちゃんぽん亭	73	짬뽕	https://chanpontei.com/
	지카라ちから	112	우동	https://www.chikara.jp/